VERITÀ SVELATE

Luigi Duca

Titolo: Verità Svelate

Prima Edizione: novembre 2023
Seconda Edizione: novembre 2024

ISBN 978-1-4452-6677-0
Marchio editoriale: Lulu.com

La Verità Pura non è mai complicata.

Se volete invece una verità "addolcita"
potrete complicarvela quanto volete.

Luigi Duca

Dedica

A quei pochi eroi ancora rimasti.

A quelli che non si sono mai piegati
a nessun obbligo antiscientifico spacciato
per "responsabilità nei confronti degli altri"
ed hanno rinunciato allo stipendio pur di
rispettare la vera scienza e la propria coscienza,
non quella falsa della dittatura in atto
che vuole solamente trasformare il popolo
in robot transumani al servizio dei controllori.

Siamo qui per cambiare il corso delle cose.

E ce la faremo.

Ringraziamenti

Ringrazio Jean Paul Vanoli, Luigi Celletti, Sara Canali, Sergio Brancatello, François Bonivard, Vadim Zeland, Olga Samarina, Tom Cowan, Stefan Lanka, Salvucci Fabrizio, Matteo Marini, Stefano Montanari, Marina Mariani e Stefania Testa, Armando Manocchia, Aldox Huxley, Alejandro Jodorowsky, Annalia Martinelli, Lai Estevan, Loretta Bolgan.

Inoltre ringrazio: Radio Genova e le testate giornalistiche: La Verità ed Il Messaggero

Un giorno molti chineranno la testa per la vergogna quando si renderanno conto del male che hanno difeso e degli eroi che hanno ridicolizzato.

INDICE

- Cos'è la verità?
- → La verità viene bloccata su FaceBook
- → La verità viene cancellata su Twitter
- → La verità viene nascosta da Google
- → La verità viene censurata da YouTube
- → La verità viene proibita dal governo
- → La verità viene chiamata "teoria del complotto" dai media

INTRODUZIONE

Questa pubblicazione è un anticipo della nostra vittoria totale sull'ignoranza che ci governa tutt'ora attraverso personaggi senza coscienza e senza scrupoli che non hanno alcuna vera conoscenza e comprensione che è amore puro.

Questo è il mio secondo libro sulle Verità. Il primo, del 2021, l'ho intitolato "Verità Nascoste". Questa volta: "Verità Svelate". È in effetti un seguito del primo e va ad aggiungere altre importanti verità che vogliono tenere nascoste alle masse becere ignoranti fatte di persone totalmente inconsapevoli.
Qui vengono esposti altri importanti fatti e testimonianze a quelli che avevo già pubblicato nel primo libro. Un seguito doveroso, per me. Sento il dovere di pubblicare molte altre verità scomode al sistema che stanno censurando in maniera sempre più efficiente e veloce per impedire una presa di coscienza di massa, che si sta oggi diffondendo a macchia d'olio grazie soprattutto alle persone che lavorano attivamente ogni giorno per questo.
Ho voluto inserire anche le scoperte delle mie ultime ricerche fatte nel campo della Consapevolezza Pura, aggiungendo alcuni capitoli importanti ed illuminanti che stavo già preparando per altri libri che ancora non ho pubblicato.
Perché è questo il nostro fine ultimo: la Consapevolezza Pura.
Mi sono sentito in dovere di terminarlo prima che anche l'ultima pagina web veritiera sia cancellata e prima che l'Italia entri attivamente nella terza guerra mondiale, già in atto... E prima che ci tolgano la connessione internet e l'energia elettrica, com'è prevedibile. Perché è questo a cui vogliono arrivare. Vogliono depopolare il pianeta, ormai è la loro priorità per riuscire a mantenere questo controllo totale sulla mente umana e su tutti gli esseri viventi...
Anche perché ora sembra che qualcuno si stia svegliando e questa cosa gli dà molto fastidio, chiaramente.

Sono disposti a tutto per non perdere il loro potere acquisito e mantenuto nel corso dei millenni. Non gli importa niente di distruggere mezzo pianeta ed eliminare 7 miliardi di persone. Lo hanno già fatto in passato, lo rivela anche David Icke in un libro gratuito che potete ancora scaricare dal web (almeno finché ce lo permetteranno): "Figli di Matrix", di cui vi mostro anche il link dove scaricarlo gratuitamente: https://daniordacheblog.files.wordpress.com/2016/05/it-david-icke-figli-di-matrix-completo01.pdf

La terza guerra mondiale è già attiva da lungo tempo nascostamente, ma ormai con i recenti conflitti russi e israeliani si sta attuando sempre più visivamente con la distruzione delle numerose città. E sappiamo che la loro intenzione non è quella di fermarsi. Dopo la falsa pandemia creata ad hoc, ora siamo entrati nelle guerre mondiali, sempre create ad hoc, che stanno distruggendo l'economia di tutti i Paesi del mondo dagli stessi controllori nascosti.

Mi auguro che vogliate tutti svegliarvi completamente dal torpore dell'antica ignoranza radicata in cui siamo vissuti per troppo tempo.

> # Quando l'ingiustizia diventa legge, la resistenza diventa dovere.
>
> (Bertolt Brecht)

Lo scrisse Attali nel libro "Il futuro della vita" nel 1981 Fazi editore..

«In futuro si tratterà di trovare un modo per ridurre la popolazione. Inizieremo dal vecchio, perché non appena supera i 60-65 anni, l'uomo vive più a lungo di quanto produce e costa caro alla società. Poi i deboli e poi gli inutili che non portano nulla alla società perché ce ne saranno sempre di più, e soprattutto finalmente gli stupidi. *Ce ne sbarazzeremo facendo credere loro che sia per il loro bene.* Non saremo in grado di fare i test di intelligenza su milioni e milioni di persone, puoi immaginare! Troveremo qualcosa o lo causeremo, *una pandemia che colpisce certe persone*, una vera crisi economica o meno, un virus che colpirà il vecchio o l'adulto, non importa, *i deboli soccomberanno, i timorosi e gli stupidi ci crederanno e chiederanno di essere curati.* Avremo avuto cura di pianificare il trattamento, *un trattamento che sarà la soluzione.* La selezione degli idioti sarà così fatta da sola: *andranno al macello da soli».*

[Jacques Attali, Il futuro della vita, 1981]

Nel 2021 sono stato bloccato 30 giorni su Fakebook per aver postato questa foto senza commenti.
Fakebook ritiene che sia una notizia falsa:

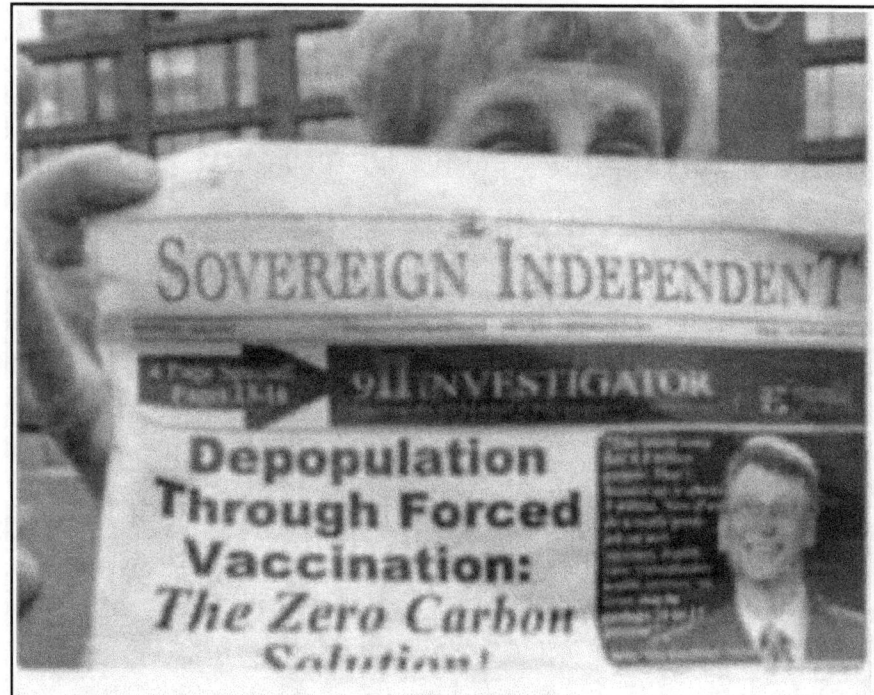

LA SOLUZIONE "ZERO CARBONIO": RIDUZIONE DELLA POPOLAZIONE TRAMITE VACCINAZIONE OBBLIGATORIA.

Articolo del 2011... ora assolutamente introvabile...

La censura devastante

Avevo già parlato della censura sempre più distruttiva attuata a partire dal 2020 per ingannare il popolo con l'avvento di una falsa pandemia che doveva "convincerli" a farsi iniettare i sieri mortali.

Nel capitolo successivo troverete molte parole troncate e scritte in maniera anomala rispetto alla lingua comune, per sfuggire alla censura del web attuata con la ricerca di singole parole e frasi. Si tratta di un articolo preso dal web che evidentemente è arrivato a me grazie al superamento della censura totalitaria che stanno attuando. Infatti, per chi ancora non lo sapesse, gli algoritmi utilizzati sul web fanno una censura devastante ed immediata delle notizie scomode, cercandole con questi algoritmi chiamati "I.A." anche se di "I" non ce n'è nemmeno una vaga traccia; progettati naturalmente per le élite del potere che vietano in maniera totalitaria la diffusione di tutte le verità scomode che vogliono nascondervi, tacciandole per "fake-news".

Naturalmente, noi che di "I" ne abbiamo molta di più di queste stupide macchine e robot biologici, troviamo sempre un modo per evitare la loro censura fuorilegge. I fuorilegge sono loro, sia chiaro. Tutti quelli che dovrebbero essere i primi a rispettare le leggi e farle rispettare.

Nel tempo dell'inganno universale dire la verità è un atto rivoluzionario!

George Orwell

Un esempio della censura di <u>Fakebook</u>

Eccovi le informazioni false che possono provocare danni fisici, secondo la censura di Fakebook.
   (Scrivo Fake-Book e non Facebook per ovvii motivi)...

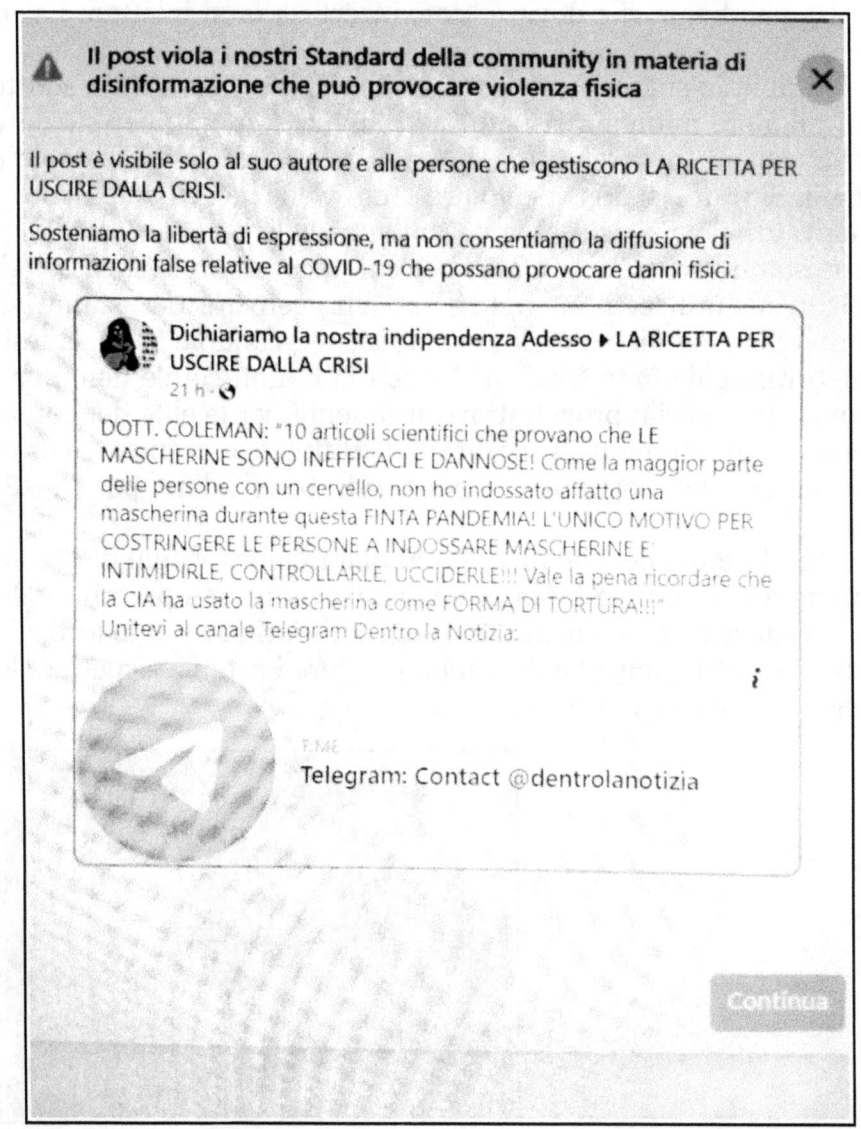

Luigi Celletti
19 h · 🌐

Fb illegalmente me la cancella ed io la ripropongo ! Sugli scontrini del bar esce anche il vostro nome , cognome e data di nascita ! A questo serve il green pass ! Avvertiti !

Lettera aperta a chi sospetta qualcosa...

autore sconosciuto

LETTERA PER COLORO AI QUALI INIZIA A VENIRE QUALCHE DUBBIO SU QUANTO È SUCCESSO NEGLI ULTIMI 2 ANNI (E CHE STA SUCCEDENDO ANCORA) *(NdA: Scritto nel 2022)*

Questo post non è per tutti:

- Se siete tra quelli che mettono la m@sch€rina quando sono soli in auto, non leggetelo, vi mancano troppe informazioni per comprenderlo.
- Non leggetelo nemmeno se passate la serata tra talk show e tg dei canali go.v€rnativi, siete troppo presi dalla "Loro" pr0p@ganda per ammettere di esserlo.

Mi rivolgo, invece, a:

- Quei milioni di genitori che non porteranno i loro figli agli hub v@((inali;
- quei venti milioni di italiani che hanno ricevuto la seconda dose, ma non si sono ancora presentati per la terza;
- alle famiglie di quelle 1.698 persone v@((inate (130 con booster) che, secondo i dati I$$, sono state registrate come morte di C.v.d negli ultimi 30 giorni;
- a coloro che hanno sperimentato su di sé (o hanno saputo di) gravi reazioni avv€rse ai si€ri anti-C.v.d (che, per chi non lo sapesse, mai sono stati registrati come anti-$arsCov2);
- in pratica, mi rivolgo a tutti quelli che hanno seguito, obbedienti, le indicazioni del gov€rno fino ad un certo punto, il punto in cui hanno cominciato a rendersi conto che qualcosa non tornava.
Bene, se vi siete ritrovati nella categoria di cui sopra, e siete dubbiosi se continuare la lettura, vi tranquillizzo: non parlerò

dei v@((ini, non della loro efficacia e sicurezza; sono discorsi di retroguardia ormai. Parlerò di umanità e di valori. Disquisirò su quelle politiche che li calpestano. E vi rassicuro anche su un'altra cosa: lascerò da parte i paragoni storici; capisco che disturbino... per tanti motivi, alcuni anche opportuni. Non voglio che diventino l'ostacolo per affrontare le questioni che quei paragoni si limitano ad indicare. In fondo posso essere d'accordo con voi: l'Italia del 2022 è molto diversa da quella del 1922, o dalla Germania degli anni '30; così come è diversa dal Sudafrica dell'ap@rtheid o dagli U$A della segr€gazione raz.ziale. Oggi viviamo in un mondo glob@lizzato, iper-tecnologico e apparentemente d€moc.ratico, nulla a che vedere con quegli scenari di un passato non così lontano.

Ma, proprio per questo, davvero vi sta bene ciò che sta accadendo oggi? Nella nostra Italia glob@lizzata, iper-t€cnologica e "d€mocratica" del 2022?

Dal primo febbraio, alcuni milioni di vostri concittadini non potranno entrare nei negozi. Gli stessi che, da settimane, non possono entrare nei bar, nei ristoranti, negli alberghi, nei cinema. Gli stessi che non possono usare treni, aerei, mezzi di trasporto locali. A molti di loro viene anche impedito di lavorare: me.dici, s@nitari, insegnanti, milit@ri, forze dell'o.rdine, e, ora, anche tutti quelli che hanno più di 50 anni. Si calcola che siano almeno tre milioni di italiani, ai quali presto si aggiungeranno i cinque milioni che, secondo le stime, non si presenteranno per la terza dose. Se consideriamo anche le loro famiglie, saranno forse in 15 milioni ad essere privati dei mezzi di sussi$tenza.

Persone che, se non hanno robusti risparmi, sono condannate alla f@me o a dipendere da qualche forma di c@rità.

Ora, so che vorreste sviare obiettando: "Sì, ma c'è un più che valido motivo per tutto questo". Vi chiedo, però, di concentrarvi sul puro fatto: quindici milioni di persone alle quali vengono tolti i mezzi di sussi$tenza, viene vietato di salire sui mezzi di trasporto comuni e di entrare nei negozi.

Come vi suona?

Immaginate se capitasse a voi: un giorno come un altro vi svegliate e realizzate che non potete più raggiungere un amico al bar per il solito caffè, non potete prendere il tram per andare in ufficio, dove comunque vi respingerebbero all'ingresso, non potete portare le camicie in tintoria, etc.

Non potete neanche organizzare un fine-settimana di svago, visto che gli alberghi vi sono vietati; persino una gita in giornata è complicata: se fa freddo non potrete trovare riparo in nessun posto. Ma, dal momento che non avrete più entrate, più che al weekend vi mettereste a pensare a come riparare l'auto, pagare le bollette (con i recenti aumenti poi...), dare da mangiare alla famiglia.

Come vi suona tutto questo?

E ora, immaginate di accendere la tel€visione e sentire un personaggio pubblico affermare che le persone non v@((inate non andrebbero curate, un altro dire che contro di esse bisognerebbe usare i cannoni, un altro ancora paragonarle a disertori da fuc.ilare. (Altri hanno chiamato i "nov@x": delinq.uenti, parassiti, sorci, e simili piacevoli definizioni).

Poi, un giorno, sentite il presid€nte del consiglio che vi dà degli ass@ssini e che dice che sarete esclusi dalla soci€tà. Sui principali m€dia tutti parlano di voi: dicono che siete soggetti poco intelligenti, egoisti e pericolosi. E, anche nel "mondo reale", vi sentite circondati da riprovazione morale e min@cce.

Come vi suona tutto questo?

Vedete, i paragoni sono antipatici e difficili, ma com'è che Rosa Park su quell'autobus poteva salire, seppur in un'area riservata ai N€GRI? Inoltre, nessuno le impediva di lavorare.

Se facessimo l'esperimento di riprendere alcune delle frasi di biasimo pronunciate nell'ultimo anno (e non solo) sostituendo il termine no-v@x, cosa pensereste? Se dicessimo: "gli omos€ssuali sono delinq.uenti", "gli omos€ssuali devono stare chiusi in casa come sorci", "i neri vanno fuc.ilati", "abbiamo messo gli €br€i con le spalle al muro", "i neri vanno stanati casa per casa", "i terroni vanno esclusi dalla soci€tà", "i musu.lmani sono parassiti", etc.

Come vi suona?

E, visto che "no-v@x" ha acquisito un chiaro connotato dispregiativo, come vi suonerebbe se usassimo i termini "froci" e "ne.gri", locuzioni utilizzate allo stesso scopo?

Ad esempio, se prendessimo il tweet di Gas.parri e lo traducessimo così: "Spazzare via i fr.oci? Un dovere!".

Oppure: "Spazzare via i ne.gri? Un dovere!"

Lo so, avete di nuovo la tentazione di fuggire con quell'obiezione. Parleremo di quello di cui volete parlare, ma state ancora per un attimo sul fatto. Perché so che, siccome siete tra quelli che hanno "quasi capito", qualcuno di voi a questo punto penserà: "Si, è vero, sono misure un po' esagerate, ma si sa, è la pol.itica e i poli.tici prendono spesso delle cantonate".

No, non vi lascio sottrarvi così: se pensate che tutto ciò sia sbagliato, vi renderete anche conto che non è paragonabile a una "normale" cretinata pol.itica, non si tratta della decisione di abbassare il limite di velocità in autostrada o di aumentare di un punto percentuale l'IM.U. Siamo di fronte a provvedimenti che toccano i principi fondamentali sui quali si è costruita la civiltà "d€.mocr.atica" moderna: uguaglianza, dignità, rispetto.

Se la vostra reazione, alla constatazione che tali principi siano calpestati, consiste nello scuotere la testa, per poi passare oltre, vuol dire che no, non avete ancora capito.

Con tutti i limiti dei paragoni, se vi indignate (a meno che non fingiate di) per una persona che non può sedersi dove vuole sull'autobus e non vi indignate per un'altra a cui viene impedito di lavorare, allora c'è qualcosa non va. In voi, prima che nelle norme. Rimanendo sul puro fatto, l'oggettività della discrimin@zione non ammette questi distinguo.

Ma, ora, spostiamo pure il discorso sulle motivazioni che ci vengono date per questa discrimin@zione, perché, lo so, pensate che siano queste a fare la differenza. Pensate che questa volta siano decisioni basate sulla sci€nzaH e non sull'id€ologia: lo scopo è proteggere la popolazione, in quanto "la tua libertàH di cont@giare, finisce dove comincia la mia di

non venire cont@giato ".
Ma... siete proprio sicuri che sia così?
Lo sapete che il "Manif€sto della R@zza", scritto nel 1938, fu redatto da sci€nziatiH, e sottoscritto dalla stragrande maggioranza dei loro colleghi? E che "La $ci€nzaH" ufficiale, a livello mondiale, postulava l'esistenza delle r@zze? Gli sci€nziatiH "ari@ni", che miravano a preservare "pura" la r@zza, emergevano da una convinzione sci€ntificaH che, supponendo differenze gen€tiche tra gli uomini, ne giustificava la diversità di trattamento. Erano affermazioni che, all'epoca, parevano oggettive e condivise, pertanto non discutibili.
Così come erano oggettività condivise l'universo tolemaico prima di Copernico, le regole newtoniane prima della relatività einsteniana, la fisica classica prima della rivoluzione quantistica.
Vi chiedo, quindi, di nuovo: siete proprio sicuri?
È la sci€nzaH il criterio ultimo su cui valutare l'opportunità di una discrimin@zione?
E, se "La sci€nzaH" domani dirà altro, come ripareremo i torti inflitti oggi?
Perché, vedete, quella che "voi" chiamate "La $ci€nza", oggi, in realtà, già dice cose diverse da quelle con le quali troppi hanno giustificato le brutture andate in scena durante il c.v.d-truman-show. Nessuno nega più che anche i v@((inati si am.malino di un morbo che dei t€st totalmente inattendibili dicono essere $@rs-CoV-2, e che possano anche finire in osp€dale (in alcuni paesi la percentuale di osp€dal.izzati vaGinati e non, rispecchia quella della popolazione). Peccato che: il fatto che questi si€ri difficilmente avrebbero funzionato, cercavano di dirlo diversi sci€nziati in giro per il mondo già prima dell'inizio della campagna vaGinale; il fatto che anche con le dosi ci si am.mala è emerso più o meno subito, ben prima che la discrimin@zione diventasse così brutale. Ora anche "la sci€nzaH televisiva" lo dice, seppur con colpevole ritardo: nelle ultime settimane abbiamo sentito, tra gli altri, le vi.rost@r Cris@nti e Ba$$etti fare una serie di dichiarazioni in evidente (per chi vuol vedere)

contrasto con la loro stessa narrativa precedente: "Il gr€€n p@$s non ha alcuna motivazione s@nit@ria". (In realtà, tra le righe, persino in tv, persino dei poli.tici, ce l'avevano già detto più volte... non sempre mentono...).

E, quindi, la discri.minazione?

Beh, mi direte, serve a spingere le v@((inazioni, perché i non v@((inati occupano le t€rapie int€nsive e tolgono il posto ai m@lati di altre pato.logie.

Ma davvero credete a questo slogan gov€rnativo?

State cominciando a capire, per cui vi scongiuro: guardate i dati, leggete, informatevi. Prendete i dati ufficiali, quelli dell' I$ $ e del Mini.st€ro della S@lute. Vedrete che, pur nel picco della "quarta ond@ta", l'occupazione delle t€rapie int€nsive ha raggiunto a malapena il 25%. E che, di questa percentuale, una grande fetta è rappresentata da persone v@((inate.

Come si può credere a m@lati che non vengono curati per colpa di chi occupa poco più del 10% dei posti e ne lascia liberi il 90%? E lo sapevate che in ogni ondata influ€nzale degli anni passati si sono verificati casi di t€rapie int€nsive occupate al 100%, se non, paradossalmente, oltre?

Ma, anche nell'ipotesi di avere t€r.apie int€nsive piene di persone non v@((inate, da quando in qua si sceglie chi curare in base ai suoi comportamenti?

Non dovremmo curare chi ha avuto un inci.dente perché correva troppo in auto?

Non dovremmo curare i tu.mori al polmone del fumatore?

E che dire di chi ha un'alimentazione con troppi zuccheri o con qualche bicchiere di birra in più?

Che dire di chi pratica sport più pericolosi di altri, oppure di chi, al contrario, conduce una vita troppo sedentaria?

E cosa facciamo di chi sceglie di vivere in città inquinate?

Oppure, prendo d'esempio un amico i cui genitori che non hanno voluto abo.rtire un figlio disabile, gli facciamo pagare cure che dureranno una vita?

Suvvia, siamo seri almeno noi in questa follia che ci circonda.

Dunque, ora che abbiamo analizzato tutto ciò, possiamo dire

che "il re è nudo": se non sussistono motivi s@nit.ari che giustifichino i provvedimenti psicop@nd€mici, rimane solo l'oggettività della discrimin@zione. Una di$criminazione che diventa fine a sé stessa e, in quanto tale, po.litica.

Restiamo di fronte alla nuda verità di un gov€rno che, senza un motivo legittimo, impedisce a quindici milioni di persone di vivere, in qualche caso di sopravvivere, ponendo in essere forme di di$criminazione vietate da diversi trattati intern@zionali e dalle co$ti.tuzioni "d€moc.ratiche" del dopogu€rra, scritte perché certi orrori del passato non potessero ripetersi.

Ma, di fronte a una situazione simile, è ancora ammissibile limitarsi a scrollare le spalle e passare oltre?

Lo so, qualcuno obietterà: "Non è pers€cuzione: sparirebbe d'incanto se i pericolosi nov@cs si vaGinassero. Gli €brei mica potevano non essere più €brei, così anche i neri".

Per favore ragionate: non sarebbe sparita forse d'incanto la pers€cuzione dei cri.stiani se avessero accettato di fare sacrifici per l'imp€ratore? Non sarebbe sparita d'incanto la pers€cuzione degli er€tici se avessero abiurato? Non sarebbe sparita d'incanto la pers€cuzione degli oppositori poli.tici se avessero accettato di iscriversi al partito f@scis.ta? E, per essere più contemporanei, non sparisce d'incanto lo stu.pro se la ragazza viol€ntata acconsente alla viol€nza? Ma, la viol€nza che vuole costringere la vit.tima a cedere alla volontà dell'agu.zzino, non è proprio l'essenza della pers€cuzione?

E allora, voi che avete "quasi capito", da ora volterete ancora la testa dall'altra parte? Tacerete ancora?

Perché, vedete, è questo silenzio che a "noi" fa più male, a volte più della pers€cuzione stessa.

HO TROVATO QUESTO PEZZO IN UN GRUPPO TG (NdA TG=Telegram?), HO PROVATO A CHIEDERE NOTIZIE SULLA FONTEH, MA SENZA SUCCESSO. SE QUALCUNO

SAPESSE O RECLAMASSE SI FACCIA AVANTI. IN OGNI CASO, SPERO NON FACENDO TORTO ALL'AUTORE, L'HO PARECCHIO RIMANEGGIATO: SONO FISSATA CON LA COSTRUZIONE SINTATTICA; HO SNELLITO DELLE FRASI; HO CAMBIATO DELLE PARTI (SOPRATUTTO QUELLE PIÙ PRETTAMENTE STORICHE E/O SCI€NTIFI.CHE, MA ANCHE QUELLE SUI SOLITI NOTI), RIMANEGGIANDO, TOGLIENDO O AGGIUN-GENDO COSE.

https://www.facebook.com/sara.canali

QUI E' PROIBITO ENTRARE MASCHERATI!

Art.414 del codice penale Leggi 155/2005 e 152/1975

Lo stato di emergenza è stato "ANNULLATO" retroattivamente il giorno 16 dicembre del 2020; Gazzetta Ufficiale del 24 dicembre 2020

IL TRIBUNALE DI ROMA, SEZIONE 6° CIVILE, NELL'ORDINANZA N°45986/2020:
DICHIARA:
ILLEGITTIMI TUTTI I DPCM a partire dal 31-01-2020,
ILLEGITTIMO LO STATO DI EMERGENZA nel metodo e nel merito,
NULLIFICABILI TUTTI GLI ATTI da essi scaturiti!
..a seguito delle udienze concesse presso la CAMERA DEI DEPUTATI ad avvocati e medici, primo il Dr. Pasquale Bacco, specialista in esami autoptici, dove, a seguito di corrette indagini è emerso che:

UFFICIALMENTE, NESSUNO E' MORTO DI SARS-COV2 DETTO COVID-19, BENSI' CON,

per complicanze di patologie pregresse e **trattamenti sanitari impropri, aggressivi e tossici forniti con protocolli obbligati** dall'Ordine dei medici, colluso con le case farmaceutiche al fine di condurre una finta vaccinazione di massa, meglio conosciuta come **"terapia genica sperimentale"** sottoscritta dal ministro Lorenzin nel 2014

INOLTRE:
CORTE COSTITUZIONALE – SENTENZA 308/1990
"Non è permesso il sacrificio della salute individuale a vantaggio di quella collettiva. Ciò significa che è sempre fatto salvo il diritto individuale alla salute, anche di fronte al generico interesse collettivo"

ALTRI MOTIVI DI ILLECITO PER IL PORTARE MASCHERINE:

-PROCURATO ALLARME Art. 658 del codice penale
-TRUFFA AGGRAVATA Art. 640 del codice penale
-ABUSO DI AUTORITA' Art.608 del codice penale
-VIOLENZA PRIVATA Art. 610 del codice penale
-VIOLAZIONE DELLA COSTITUZIONE ITALIANA Art.1,2,4,10,13,16,32,41,54,78
-VIOLAZIONE DELLA CONVENZIONE DI OVIEDO Art. 5
-VIOLAZIONE DELLA DICHIARAZIONE UNIVERSALE DEI DIRITTI UMANI Art.3

Il Giuramento di Ippocrate
Testo «classico»

Giuro per Apollo medico e Asclepio e Igea e Panacea e per tutti gli dei e le dee, chiamandoli a testimoni, che eseguirò, secondo le mie forze e il mio giudizio, questo giuramento e questo impegno scritto: di stimare il mio maestro di questa arte come fosse mio padre e di condividere i miei beni e la vita con lui e di soccorrerlo se ne avesse bisogno e considererò i suoi figli come fratelli, ed **insegnerò loro quest'arte se vorranno apprenderla, senza richiedere compensi né patti scritti.** (NdA Senza dover passare dalle false scuole ufficiali, come le università)

Renderò partecipi dei precetti e degli insegnamenti orali e di ogni altra dottrina i miei figli ed i figli del mio maestro e gli allievi legati da un contratto e vincolati dal giuramento del medico, ma nessun altro.
Regolerò il mio tenore di vita per il bene dei malati secondo le mie forze ed il mio giudizio, e mi asterrò dal recar danno e offesa.
Non somministerò a nessuno, neppure se richiesto, alcun farmaco mortale, né suggerirò tale consiglio; *e neppure fornirò mai ad una donna un mezzo per procurare l'aborto.*
Con innocenza e purezza io custodirò la mia vita e la mia arte. Non opererò coloro che soffrono del male della pietra, ma mi rivolgerò a coloro che sono esperti di questa pratica. In qualsiasi casa andrò, io vi entrerò per il sollievo dei malati, astenendomi da ogni offesa e da ogni danno volontario, ed inoltre da ogni azione corruttrice sul corpo delle donne e degli uomini, sia liberi che schiavi. **Tutto ciò ch'io vedrò e ascolterò** *nell'esercizio della mia professione, o anche al di fuori della professione nei miei contatti con gli uomini, e che non dev'essere necessariamente divulgato,* **lo tacerò considerando la cosa segreta.**

Se adempirò a questo giuramento e non lo tradirò, possa io godere dei frutti della vita e dell'arte, stimato in perpetuo da tutti gli uomini; **se lo trasgredirò e spergiurerò, possa toccarmi tutto il contrario.**

- Segue una seconda traduzione dal greco antico -

Affermo con giuramento per Apollo medico e per esculapio, per Igiea e per Panacea e ne siano testimoni tutti gli dei e le dee, che per quanto me lo consentiranno le mie forze ed il mio pensiero, adempirò questo mio giuramento che è qui scritto. Considererò come padre colui che mi iniziò e mi fu maestro in quest'arte, e con gratitudine lo assisterò e gli fornirò quanto possa occorrergli per il nutrimento e per le necessità della vita, considererò come miei fratelli i suoi figli e se essi vorranno apprendere quest'arte, insegnerò loro senza compenso e senza obblighi scritti e farò partecipi delle mie lezioni e spiegazioni di tutta questa disciplina tanto i miei figli tanto quelli del mio maestro e così i discepoli che abbiano giurato di volersi dedicare a questa professione, e nessun altro all'infuori di essi.

Prescriverò agli infermi la dieta opportuna che loro convenga per quanto mi sarà permesso dalle mie cognizioni, e li difenderò da ogni cosa ingiusta e dannosa, giammai mosso dalle premurose insistenze di alcuno propinerò medicamenti letali né commetterò mai cose di questo genere, e per lo stesso motivo, mai ad alcuna donna suggerirò prescrizioni che possano farla abortire, ma serberò casta e pura da ogni delitto sia la vita sia la mia arte, né opererò i malati di calcoli lasciando tale compito agli esperti di quell'arte. In qualsiasi casa entrerò, baderò soltanto alla salute degli infermi rifuggendo ogni sospetto di ingiustizia e di usata corruzione e soprattutto dal desiderio di illecite relazioni con donne o uomini sia liberi che servi, e tutto quello che durante la cura ed anche all'infuori di essa avrò visto ed ascoltato sulla vita comune delle persone e che non dovrà essere divulgato, tacerò come cosa sacra. Che io possa, se avrò con ogni scrupolo osservato questo mio giuramento senza mai trasgredirlo, vivere a lungo e felicemente nella piena stima di tutti e raccogliere copiosi frutti della mia arte, che se invece lo violerò e sarò quindi spergiuro possa capitarmi tutto il contrario.

Il Giuramento di Ippocrate odierno
(aggiornato al 2014)

«Consapevole dell'importanza e della solennità dell'atto che compio e dell'impegno che assumo, giuro:
•di esercitare la medicina in autonomia di giudizio e responsabilità di comportamento contrastando ogni indebito condizionamento che limiti la libertà e l'indipendenza della professione;
•di perseguire la difesa della vita, la tutela della salute fisica e psichica, il trattamento del dolore e il sollievo dalla sofferenza nel rispetto della dignità e libertà della persona cui con costante impegno scientifico, culturale e sociale ispirerò ogni mio atto professionale;
•di curare ogni paziente con scrupolo e impegno, senza discriminazione alcuna, promuovendo l'eliminazione di ogni forma di diseguaglianza nella tutela della salute;
•di non compiere mai atti finalizzati a provocare la morte;
•di non intraprendere né insistere in procedure diagnostiche e interventi terapeutici clinicamente inappropriati ed eticamente non proporzionati, senza mai abbandonare la cura del malato;
•di perseguire con la persona assistita una relazione di cura fondata sulla fiducia e sul rispetto dei valori e dei diritti di ciascuno e su un'informazione, preliminare al consenso, comprensibile e completa;
•di attenermi ai principi morali di umanità e solidarietà

nonché a quelli civili di rispetto dell'autonomia della persona;
•di mettere le mie conoscenze a disposizione del progresso della medicina, fondato sul rigore etico e scientifico della ricerca, i cui fini sono la tutela della salute e della vita;
•di affidare la mia reputazione professionale alle mie competenze e al rispetto delle regole deontologiche e di evitare, anche al di fuori dell'esercizio professionale, ogni atto e comportamento che possano ledere il decoro e la dignità della professione;
•di ispirare la soluzione di ogni divergenza di opinioni al reciproco rispetto;
•di rispettare il segreto professionale e di tutelare la riservatezza su tutto ciò che mi è confidato, che osservo o che ho osservato, inteso o intuito nella mia professione o in ragione del mio stato o ufficio;
•di prestare assistenza d'urgenza a chi ne abbisogni e di mettermi, in caso di pubblica calamità, a disposizione dell'autorità competente
•di prestare, in scienza e coscienza, la mia opera, con diligenza, perizia e prudenza e secondo equità, osservando le norme deontologiche che regolano l'esercizio della professione.»

A tal proposito, verrebbe spontaneo chiedersi come sia possibile che attualmente i medici tradiscano regolarmente le proprie regole e giuramento, giornalmente ed ovunque, andando sempre contro alla logica che vorrebbe che la coscienza di una persona debba personalmente verificare e controllare ogni singolo farmaco o cura prima di somministrarlo ai propri pazienti che oggi hanno valore semplicemente di cavie da laboratorio senza nessun valore. Possibile che siano tutti così ingenui da non aver verificato praticamente nulla di quello che gli hanno propinato nelle scuole, o sono davvero così criminali da voler proprio far del male alle persone riempiendole di veleni e di raggi (come i raggi X usati per svariati impieghi) altamente dannosi per il corpo?

Non dovrebbero, i medici, essere le persone più attente ed oneste visto che stanno giocando con la vita delle persone?

Perché ci ritroviamo con medici, infermieri anche, psicologi e psichiatri che sono le persone più corrotte e meno interessate al benessere dei propri pazienti?

Il loro giuramento ho voluto pubblicarlo proprio per mettere in evidenza ciò che sono e ciò che dovrebbero essere. E per evidenziare come il potere sta attuando il lento e costante *cambiamento* del giuramento, facendo in modo che il medico diventi l'opposto di ciò che avrebbe dovuto essere. E ci sono già riusciti benissimo, da tutto ciò che si vede in giro e che si può constatare, ormai da decenni.

"Venticinque anni in cui ho prescritto farmaci e 33 anni in cui non ne ho prescritti mi hanno fatto arrivare alla conclusione che i farmaci sono inutili e nella maggior parte dei casi dannosi, e questo è per tutti coloro che vogliono conoscere la verità."
– John H. Tilden, Dottore in Medicina (1940)

Ministero della salute: Ministero satanista

L'ordinanza del ministero della salute del 28 aprile 2023 sostanzialmente reintroduce negli ospedali l'obbligo di indossare le mascherine e fare quei tamponi cosiddetti "diagnostici" (cosa assolutamente falsa) per proteggere le categorie "fragili" ed i più "deboli" (anziani e persone con gravi patologie) da infilare nelle narici fino a raggiungere parti interne estremamente delicate e vicine al cervello. Ancora! Alcuni ospedali stanno respingendo chiunque non lo voglia fare.

Devono continuare ad avvelenare le persone con tamponi e mascherine.

I tamponi innanzitutto sono tutti illegali e non sono mai stati approvati da nessuno. Ne esistono almeno di 150 tipi diversi, ed arrivano per lo più dai paesi asiatici... Quindi già in partenza sono tutti illegali. Ma nessuno si degna di fermarli. Polizia? NAS? Macché!

Secondo, non rilevano nulla perché non possono rilevare virus inesistenti (trovate i dettagli dalla pagina 106)! Il materiale genetico che rilevano non è assolutamente patogeno perché mai in nessun test è stato dimostrato che sia patogeno, quindi quel materiale che chiamano "COVID-19" è semplicemente materiale genetico prelevato con questi bastoncini avvelenati che infilano nel naso delle persone.

Inoltre, dalle analisi effettuate, questi inutili tamponi contengono grafene, ossido di etilene ed altre sostanze altamente dannose per la salute!

Quindi lo scopo (che non è sanitario ma *satanista*) nascosto dietro l'utilizzo di queste pratiche è in verità l'esatto opposto di ciò che viene dichiarato.

Il cosiddetto "TAMPONE" NON È AFFATTO UN TEST DIAGNOSTICO SANITARIO PERCHÈ NON RILEVA ASSOLUTAMENTE NULLA DI DIMOSTRABILE SCIENTIFICAMENTE.

DUNQUE SI TRATTA DI UN FALSO TEST PER INSERIRE NELLE NARICI VELENI CHE SONO STATI RILEVATI DA ANALISI CHIMICHE! UN MODO PER INSERIRE VELENI NEL CORPO, ALTRO CHE: "TEST DIAGNOSTICO"!

Inoltre anche le mascherine, totalmente inutili giacché NON ESISTE NESSUN CONTAGIO DIMOSTRATO SCIENTIFI-CAMENTE, abbassano il livello di ossigeno nel sangue causando difficoltà respiratorie che diventano poi malattie respiratorie, rovinano il sistema immunitario che si abbassa sempre più causando ogni genere di malattia fino a portare alla morte...

Qui non c'è proprio NULLA DI SANITARIO, nulla di diagnostico ma è tutto programmato per DISTRUGGERE LA SALUTE DELLE PERSONE, altro che "SANITARIO". QUESTI CRIMINALI (MEDICI, INFERMIERI e tutti quelli che gli danno corda) DA STRAPAZZO SONO APPOGGIATI DA TUTTA LA GENTE CHE CI CREDE, PURTROPPO........ SIAMO CIRCONDATI DA CRIMINALI ASSASSINI DELINQUENTI CHE CI STANNO AVVELENANDO IN MILLE MODI DIVERSI: ONDE ELETROMAGNETICHE, SCIE CHIMICHE, 5G, PESTICIDI, OGM, INSETTI, ECC..... MA VI RENDETE CONTO.... O NO????

QUINDI IL MINISTERO DELLA "SALUTE" è solo un
MINISTERO SATANISTA in tutta verità!

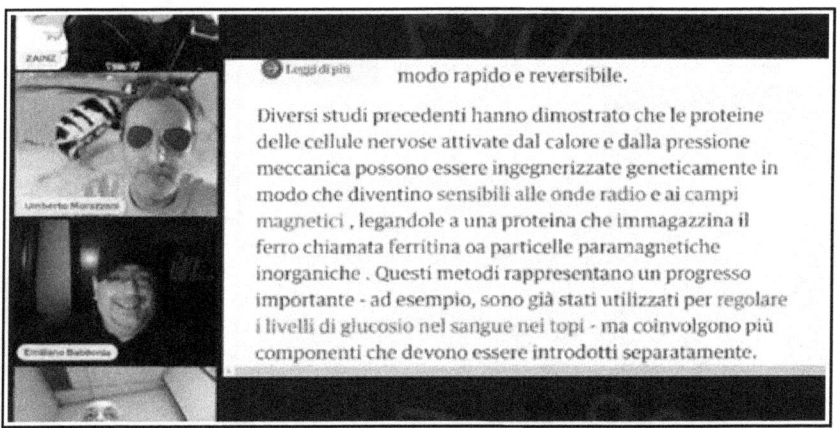

modo rapido e reversibile.

Diversi studi precedenti hanno dimostrato che le proteine delle cellule nervose attivate dal calore e dalla pressione meccanica possono essere ingegnerizzate geneticamente in modo che diventino sensibili alle onde radio e ai campi magnetici , legandole a una proteina che immagazzina il ferro chiamata ferritina oa particelle paramagnetiche inorganiche . Questi metodi rappresentano un progresso importante - ad esempio, sono già stati utilizzati per regolare i livelli di glucosio nel sangue nei topi - ma coinvolgono più componenti che devono essere introdotti separatamente.

Tamponi sterili con ossido di etilene

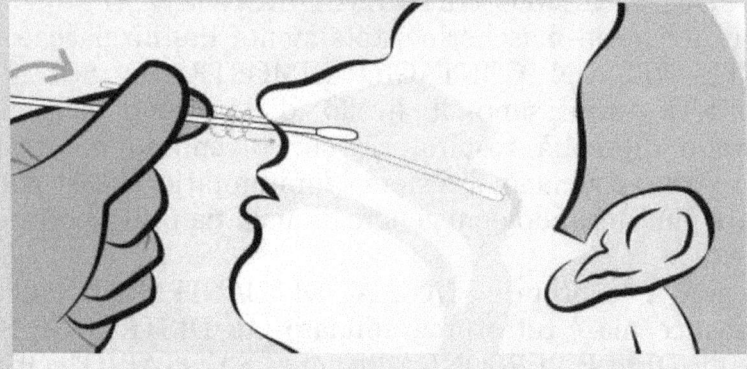

L'ossido di etilene o ossirano,
è una sostanza che ha proprietà disinfettanti
e disinfestanti contro batteri, funghi e virus. ...
L'ossido di etilene è infatti classificato
come mutageno, cancerogeno e tossico
e di conseguenza nemmeno ammesso
come sostanza attiva nei prodotti
fitosanitari dell'Unione.

**E' vietato l'uso alimentare in Europa,
ma può essere inserito nel naso?**

«Siamo sull'orlo di una trasformazione globale. Tutto ciò che ci serve è la più grande crisi, e le nazioni accetteranno il Nuovo Ordine Mondiale».

- DAVID ROCKFELLER, durante una conferenza di lavoro all'ONU, il 14 settembre 1994.

Il Transumanesimo

Il transumanesimo è già cominciato, il controllo totale della mente umana, le iniezioni di grafene, alluminio, mercurio ed altri veleni, il 5G, 6G(prossimamente), scie chimiche e veleni come i diserbanti negli alimenti sempre più OGM, razze vegetali ed animali (ed umane) sempre più OGM...
Vogliono avvelenarci e poi controllarci sempre meglio attraverso telecamere più o meno nascoste ovunque, telefoni, smart TV, PC e tablet per sapere tutto quello che vediamo, facciamo e pensiamo... Ogni sistema operativo nuovo punta innanzitutto a darvi un'apparenza migliore (grafica), ma dietro l'apparenza serve unicamente a prendere tutti i vostri dati e controllarvi e manipolarvi sempre meglio.

Perché il Transumanesimo è questo: niente più libero arbitrio (se mai ce ne fosse stato). Nessun essere umano dovrà pensare alcunché con la propria auto-determinazione, in futuro.
Saranno tutti dei robottini telecomandati al servizio delle lobby che già oggi hanno preso il potere su tutto e tutti a cominciare dall'informazione. Usano droghe, farmaci dannosi, tecniche di comunicazione ingannevoli e potere (denaro) per mantenere tutti sotto ricatto e minaccia... E naturalmente l'informazione che vi danno è quella che vogliono loro. Vi dicono sempre che tutto quello che fanno è per voi, per il progresso e la "crescita".
Tutto quello che voi non dovete sapere, lo censurano prima che vi arrivi... Così non lo saprete mai!
Tutte le verità "scomode" le tacciano come "fake news", comprano tutte le pagine internet e tutti i quotidiani, tutti i TG e, quando possono, anche tutta l'"informazione alternativa", per fare sparire completamente dalla circolazione tutte quelle verità scomode che devono nascondervi...
Ormai, le lobby capitanate dal NWO si sono comperate tutto. Oltre all'informazione (canali TV, radio, giornali, internet e social) si sono comprate anche la scuola, gli scienziati, gli

insegnanti, i medici, i politici, i presidenti di ogni associazione culturale o politica o sportiva.

Di pulito rimane davvero poco. Parlare di briciole sarebbe un eufemismo... Non rimangono più nemmeno quelle!

Quindi oggi, chi è rimasto con un'anima propria e con una autodeterminazione genuina, non manipolata o surrogata, è davvero messo alle strette ovunque ed in qualunque cosa faccia o dica, o pensi.

Ci stanno emarginando sempre più, giorno dopo giorno, con l'appoggio di tutte le persone "conformate" al sistema che non si rendono minimamente conto che si stanno autodistruggendo da sole, ma addirittura credono di andare verso il "progresso" e verso un futuro migliore!

A noi, che veniamo ritenuti "complottisti", vogliono arrivare ad eliminarci tutti, completamente e senza il minimo riguardo. I diritti umani? Non esistono di fronte ai "complottisti"! I diritti umani si intendono solamente per le persone "conformate" al sistema... Per dare il posto ai nuovi umani-robots o, meglio *cyborg*, degli ibridi umano-alieni totalmente programmabili come un normale computer. A capo di tutto ci sono gli *Illuminati,* che ovviamente sono appoggiati e facilitati da tutti quei *professoroni* laureati che sono a capo di ogni istituzione del pianeta, ovvero quelle persone considerate le più "istruite", quelle con maggiori "competenze". E come no... Le "competenze" che portano soltanto alla propria autodistruzione inconsapevole e quella di tutti gli altri, soprattutto di quelli che diffondono le verità scomode!

Abbiamo così "l'utile-idiota" in ogni poltrona universitaria o politica o governativa. Tutta "brava gente" agli occhi delle pecore, tutti in buona fede, e farebbero tutto per il nostro bene, mentre ci rovinano senza rendersi conto di nulla...

Non sarebbero gli "utili-idioti" di turno se si fossero accorti di qualcosa che non va. E così gli "illuminati" proseguono nei loro piani diabolici senza che nessuno li fermi.

Cos'è la Mente / Energia

Tutto è Energia. E l'Energia è sempre Mente. Sono la stessa cosa.

Mi sono riproposto di fare definitivamente chiarezza su cos'è l'energia perché, a quanto pare, sembra che molti "studiosi" ritengano che ancora nessuno conosca veramente cosa sia l'energia. Vi mostrerò invece che la verità è semplice e che non è poi così difficile comprendere cos'è l'energia.

L'Energia è Informazione. Come la Mente, in qualunque strato mentale. La mente è composta di tante informazioni. Entrambe, mente ed energia, sono sempre la stessa cosa vista da due punti di vista diversi e con nomi diversi. Si tratta comunque della stessa cosa. La mente è energia e l'energia è ciò che forma l'universo. L'energia compone anche la materia e viceversa. Einstein infatti aveva ipotizzato l'equazione: $E=mc^2$. Con la nuova conoscenza di oggi, si potrebbe fare una nuova equazione:

Energia=Materia=Mente=Universo=Informazione

Questo perché esse sono sempre la stessa cosa.
L'energia porta sempre le sue informazioni, in particolar modo l'informazione che determina la sua vibrazione e forma d'onda. Qualunque onda, qualunque vibrazione, ripete sempre se stessa, fino ad esaurimento. Le onde che si ripetono infatti non sono tutte uguali! Man mano che si ripetono perdono di forza e via via scemano arrivando infine a terminare. Anche la mente, i comportamenti delle persone si ripetono continuamente come le onde.
Avendo delle vibrazioni proprie, tutte le "particelle" di energia posseggono sempre una loro particolare forma d'onda che varia a seconda dell'informazione. Non esiste una forma d'onda

uguale perfettamente ad un'altra, ma esistono solamente delle similitudini. Non esiste energia perfettamente statica, perché nell'istante in cui lo fosse realmente, si annichilirebbe. Non sarebbe più *energia*.

Perché questo? Perché l'energia è *informazione* e se fosse totalmente statica, senza nessuna forma d'onda, diventerebbe *nessuna informazione* o *assenza di informazione* e quindi si annullerebbe.

La fisica moderna ipotizza che le *Stringhe* sarebbero for-mate da *informazione*. Se è soltanto informazione, ci sarà quindi un'assenza di massa, giusto? Da dove deriva questa informazione? Ve lo spiegherò alla fine di questo capitolo.

L'universo che noi percepiamo in effetti non possiede alcuna massa se lo osserviamo ad ingrandimento infinito. Più ingrandite gli atomi o le "particelle" di energia, più vi accorgerete di trovare un vuoto, quindi un *nulla*!

Vorrei mostrarvi come le cosiddette "particelle" siano tutte e sempre semplicemente *informazioni*, ovvero *assenza totale di massa!*

"Ma come?", potreste ribattere: "Io la massa la percepisco e la posso pesare!". Certo!

Sta di fatto però, che se una pietra ha un peso, e voi la ingrandite col microscopio, vedrete che la pietra è formata da moltissime molecole distanziate tra di loro. La distanza non la vedete ad occhio nudo, ma c'è. Quindi, si parla di vuoto. Un atomo è risaputo che ha un nucleo attorno a cui girano attorno gli elettroni, un po' come i pianeti girano intorno alle stelle. Ma quanto sono grandi gli elettroni ed il nucleo rispetto alla "massa dell'atomo? Ci troviamo di fronte ad una cifra che è prossima allo zero. Questa "massa" è nulla rispetto alla dimensione che occupa l'atomo. Questo perché gli elettroni, girando a velocità altissima attorno al nucleo, creano un *campo di forza*, un campo elettromagnetico.

Questo campo elettromagnetico crea l'illusione di solidità o di peso creando una barriera che si scontra con gli altri atomi o particelle, anche se questa massa in verità è determinata semplicemente da tutto quel movimento di elettroni. Lì c'è un vuoto pressoché totale. Anche quando andate a vedere all'interno del nucleo dell'atomo o degli stessi elettroni, troverete sempre lo stesso immenso vuoto ... E da cosa è formato questo vuoto? Dalle cosiddette *stringhe* o meglio *informazioni* che ancora la fisica ufficiale non ha scoperto da dove provengano (ma altri ricercatori lo hanno già scoperto da un bel pezzo).

Dunque noi percepiamo massa ovunque, ma in verità viviamo in un **Immenso Vuoto pressoché Totale**.

Perché percepiamo come *massa* tutto questo immenso *vuoto*? Bella domanda questa! Ci arriverò alla fine di questo capitolo.

Quindi, qui ci troviamo di fronte a moltissimi *vuoti* o *informazioni* che, chissà per quale ragione vengono ancora chiamati *"particelle"*. Infatti tutte queste cosiddette particelle hanno sempre una loro forma d'onda, una loro vibrazione e frequenza che determina l'informazione che portano. Questa informazione la percepiamo come una massa più o meno solida, che potremmo chiamare energia, o materia nel caso in cui questa energia sia talmente condensata da non poter passare attraverso gli altri corpi.

Sta di fatto che comunque questa *energia o materia* è anche *mente* perché è *informazione*.

L'*universo è* tutta *informazione*, quindi è una grande *mente*, così come è una mente ogni stella o pianeta o sistema solare o galassia. Dove per Universo si intende il Multiverso, ovvero tutti gli universi esistenti che compongono un unico grande Universo. Le diverse dimensioni si compongono di frequenze di energia differenti e formano una spirale con tanti anelli collegati tra di loro, ed ogni anello è una diversa dimensione. Sono tante menti separate, ma che vanno a formare una mente più grande. La stessa cosa si può dire della mente umana o degli animali. Ogni individuo ha una sua mente la quale però va a formare una mente più grande.

Infatti ogni gruppo di umani che vive in una comunità possiede anche una propria mente collettiva, così come le specie di animali e le specie di piante. Se vogliamo andare a vedere, troveremo una mente collettiva anche per ciò che riguarda i diversi minerali, le diverse aree del pianeta e, come già detto, anche la mente del pianeta stesso.

Tornando alle molecole, anche queste hanno la propria mente collettiva, come gli elementi che compongono la materia, come gli atomi e come tutte le altre "particelle" più piccole.

Ora vi spiegherò cosa determina le *informazioni* della *mente* o delle *menti o universo*.

Queste informazioni contengono la registrazione di tutto il passato dall'inizio dell'esistenza fino ad oggi. Informazioni che possono essere anche chiamate "vibrazioni". Infatti, come già detto, ogni particella ha una sua vibrazione precisa, ed è come un'onda che si propaga nello spazio (ora anche la scienza comune sa che le particelle sono anche delle onde), ed ogni vibrazione ha una sua manifestazione di un contenuto ben preciso di memorie di esperienze vissute.

Le vibrazioni cambiano continuamente, nel corso della vita di una "particella" o di un essere "vivente" in funzione di ciò che la particella o molecola o essere sta "manifestando" in quel momento. Perché, in ogni momento dell'esistenza, ogni cosa o essere "manifesta" un determinato modo di essere, che cambia continuamente, anche se apparentemente è simile. Niente è statico. Ricordatevelo!

Per cui, ognuno, ogni individuo od atomo, pur avendo registrato in sé tutte le memorie dell'esistenza, manifesta soltanto una parte di queste memorie, di volta in volta, di momento in momento a seconda di cosa la influenza di più, perché naturalmente interagisce con l'ambiente.

Facciamo un esempio. Avete un computer, con 1000 programmi registrati nell'hard disk. Voi lo accendete, ed in quel momento vengono caricati 10 programmi, formati a loro volta da molti piccoli sottoprogrammi. Ma nell'hard disk abbiamo alti 990 programmi che ancora non utilizziamo. Potremmo farlo, ma non tutti contemporaneamente, anche perché questo computer non ha la potenzialità di farli funzionare tutti contemporaneamente, superato un limite si bloccherebbe e saremmo costretti a riavviarlo. Quindi il computer sta manifestando solamente le informazioni di questi programmi, almeno per il momento, finché non gli daremo un input diverso. E la stessa cosa succede anche alle persone che utilizzano di volta in volta soltanto alcuni comportamenti già registrati nella propria mente e mai tutti contemporaneamente. Lo stesso vale per ogni particella, o entità, o mente nell'universo.

Quindi, la "manifestazione" sono i programmi o comportamenti che stiamo utilizzando in quel momento, per risolvere i nostri problemi o semplicemente per affrontare il corso dell'esistenza.

Esattamente come si fa con il computer, ad ogni situazione che si presenta noi apriamo ed utilizziamo delle memorie già registrate nella nostra mente in maniera automatica e per lo più inconsapevolmente.

Potremmo dire che un certo tipo di comportamento od atteggiamento che una persona utilizza di volta in volta, in base a ciò che sta vivendo, è la sua manifestazione, ovvero la sua vibrazione che in quel momento determina il suo comportamento. Così funzionano anche le particelle, molecole e tutti gli esseri dell'universo. La manifestazione non è sempre la stessa perché possiamo cambiarla parecchie volte sia durante la giornata che durante la vita e possiamo modificare anche di molto le nostre abitudini alle varie manifestazioni in base alle nostre esperienze. Possiamo anche imparare ad evitarle del tutto quando ci si interroga e ci si impegna per cambiarle.

Domanda: L'Universo è Infinito? - Risposta: No.
Nulla di ciò che esiste può essere Infinito.

Solo il Nulla è Infinito, ma il Nulla non Esiste, ovvero sta al di fuori dell'Esistere. Non cadiate nel gioco di parole che "se non esiste vuol dire che non c'è". Non lo vedete qui, ma c'è.
È il TUTTO nella sua COMPLETEZZA. In fondo, il nulla è il vero IO. Il vero TU.
Perché qui, nell'Universo, il Tutto non è nella sua completezza.
Qui abbiamo solo un RIFLESSO del TUTTO INFINITO. Ed un riflesso non è mai esattamente come l'originale.
È un'illusione creata per conoscere sé stesso Infinito, in quanto prima non si vedeva e non riusciva a comprendersi.

Quindi *la creazione o universo è lo specchio di noi stessi* che abbiamo creato per comprendere Noi stessi come Nulla Infinito, fondamentalmente. Un Nulla di infinite possibilità.

Ritorniamo al nostro Universo/Mente.

I vari strati di energia compongono le varie menti. Ogni singola particella, atomo, ogni cellula, ogni organismo vivente o "morto" hanno una loro mente ed allo stesso tempo compongono loro stessi parte di una mente che va a comporre altre menti fino ad arrivare alla mente universale che è l'universo intero.

Tutte le varie menti esistenti comunicano sempre tra di loro.
Non esiste una barriera invalicabile o un distanziamento assoluto. Perché l'energia è pur sempre energia e può influenzare sempre altra energia in qualche modo. Le menti che compongono un corpo singolo (ogni corpo ha una sua mente formata da molte menti inferiori o strati mentali) saranno molto più in comunicazione tra di loro rispetto a quelle degli altri corpi separati. Quindi ogni corpo, pur singolo e separato dagli altri, comunica e si scambia informazioni con i corpi

circostanti nonostante la separazione. Quindi c'è sempre uno scambio di *informazione* che è *energia*. Qualunque tipo di separazione o isolamento che si possa creare nell'Universo non è mai un isolamento totale.

Lo dimostra anche la fisica quantistica con la spiegazione dell'entanglement. Gli assoluti non possono esistere nell'universo perché sarebbero degli Infiniti.

Ed un Infinito non può contenere informazioni perché è *assenza di vibrazioni/informazioni*.

Così come non può esistere la perfezione, perché sarebbe un Infinito.

L'Infinito siamo Noi Creatori *al di fuori* dell'Esistere, non dentro l'Esistere. Siamo stati Noi, Infinito, a creare l'universo in cui esistiamo. Un universo pieno di limiti, dove non può esistere né la perfezione né l'Infinito. Ed è per questo che per tornare ad essere ciò che eravamo – Infinito - dobbiamo uscire da tutte le identificazioni che abbiamo qui nell'universo che è composto essenzialmente da *limiti/illusioni/informazioni*.

Ogni *informazione* è un *limite*.

"Com'è possibile?", direte voi. "Siamo qui per conoscere e la Conoscenza ci libera dai limiti, non li mette ma li toglie".

La Conoscenza rende Liberi. Anche questo è vero.

Domanda: "Ma le informazioni di cui è composto l'universo che abbiamo creato, da dove provengono?".
Risposta: "Sempre da noi stessi... Infinito!".
Queste informazioni sono semplicemente lo specchio in cui noi Infinito ci stiamo guardando!
Abbiamo creato l'universo o multiverso perché avevamo la **necessità di CONOSCERE NOI STESSI INFINITO**, fondamentalmente.

Abbiamo creato ciò che ci rispecchia, che ci permette di

conoscerci.

Quindi, la Conoscenza Pura ci serve per tornare ad essere INFINITO, che è il NULLA (non la pseudo-conoscenza della pseudo-scienza).

Dunque, tutte le informazioni dell'universo servono per portarci alla Comprensione Assoluta, che è Consapevolezza, e ritornare ad essere INFINITO, ma questa volta con la Vera Conoscenza di Sé. Questo perché in origine NON AVEVAMO ALCUNA CONOSCENZA. Eravamo completamente ignoranti di tutto... Come appare essere ancora tutta la gente qui attorno a noi...

Le persone ci appaiono completamente ignoranti di tutto! E ciò è vero perché c'è talmente tanto da conoscere, che ogni volta che ci si trova di fronte a qualcosa si può percepire quanta ignoranza abbiamo ancora in noi.

Ogni volta che vediamo il degrado delle cose e delle persone attorno a noi vediamo proprio quanta ignoranza c'è ancora in giro!

Vediamo molte guerre ancora in atto, il degrado che ha rovinato il pianeta, la gente che si preoccupa solamente delle proprie entrate finanziarie e si dimentica che i danni che fanno oggi per avere subito tanti soldi in banca li porteranno a subire tutte le conseguenze del caso perché L'UNIVERSO NON PERDONA NIENTE. Perché l'universo sei Tu, è una tua creazione fatta per rispecchiare Te stesso, per vedere ed imparare chi sei!

E tutta questa gente che rincorre le proprie illusioni, invece di fermarsi a riflettere su tutte le conseguenze che portano, dimostra solamente di non avere ancora capito niente!

Si, è proprio così. Non sono nemmeno all'inizio del lungo percorso di recupero di sé stessi... Ma di tempo ne hanno per capire... quanto ne vogliono!

Infatti rimarranno qui dentro nella Matrix costruita ad hoc proprio per loro, per mostrare loro la propria stupidità, che a quanto pare non vogliono lasciare.

Ritornando all'energia...

Anche i due poli opposti dell'Universo, la Fonte-Luce sopra e la Fonte-Buio sotto, nonostante che si respingano, sono in simbiosi tra di loro. Questo perché una creazione di luce crea automaticamente il suo opposto: buio.

La creazione di energie fini, crea in automatico anche le energie grossolane, per effetto del decadimento stesso dell'energia che è fondamentalmente un'illusione. Le onde di energia, quando si propagano perdono di forza perché, essendo una copia dell'originale, creano una copia della copia della copia... L'energia ripete sempre se stessa.

Non è possibile eliminare il buio senza eliminare la luce.

Ma allora, la luce cos'é? L'altra faccia del buio?

Si. Esattamente.

Perché l'Infinito, ciò da cui tutto è iniziato, non è semplicemente "luce", ma qualcosa che va ben oltre, soprattutto alla luce come la intendiamo noi.

L'Infinito ha una luce infinita ovviamente, che non è *luce*, ma semplicemente un Nulla Infinito. È semplice.

Istintivamente siamo portati ad andare verso la luce, ma non è quella la nostra origine. La nostra origine è fuori sia dal buio che dalla luce.

La Consapevolezza Pura non è né buio, né luce.

È Comprensione Infinita. E quella non ha bisogno di luce.

Vede al di là del buio e della luce. E' una Visione Completa, quindi Illimitata.

L'unico motivo per cui siamo qui senza ombra di dubbio.

La nostra esperienza qui dentro è dovuta al fatto che vogliamo arrivare alla Consapevolezza Pura e Totale.

Siamo dentro ad un Gioco creato da noi stessi.

Abbiamo un IMMENSO VUOTO da colmare.

E' il nostro Vuoto di Conoscenza!

La Conoscenza di Noi stessi!

Ecco spiegato perché percepiamo come *massa* tutto ciò che in verità è solo un *vuoto*. Ecco da dove deriva tutta questa *informazione o illusione* che percepiamo tramite le frequenze e le vibrazioni dell'energia.

L'*informazione* è in verità una *mancanza di Conoscenza Pura*, Consapevolezza. Nel momento che l'acquisisci, l'illusione sparisce, si dilegua.

Per questo... Siamo ignoranti, fondamentalmente. Essere qui, semplicemente, significa che abbiamo da comprendere.

Vedersi "sapienti" è quindi la trappola peggiore per rimanere qui, dentro l'**Illusione di Noi stessi**!

La Vita è un Gioco

È ormai chiaro che il "gioco" che abbiamo creato noi stessi come *Infinito* per conoscerci, ovvero l'Universo Mente, non è andato proprio esattamente come avremmo voluto... Ci è sfuggito di mano! Questo è comprensibile, perché inizial-mente non avevamo Conoscenza di Nulla.
Non avevamo né Coscienza, né Responsabilità...
Avevamo solamente capacità di creare qualunque cosa senza sapere cosa sarebbe successo dopo... Il dopo è qui, ora.

Con la nascita della Mente/Universo, abbiamo messo in esistenza il nostro Gioco preferito!
Giocare è qualcosa di istintivo e primordiale. Il giusto approccio alla Vita ed alla Conoscenza è quello di farlo giocando. Prendere la vita troppo seriamente non giova a nessuno, sarebbe sbagliato smettere di giocare!

Tuttavia, il vero Gioco è quello dove ci si prende sempre Responsabilità senza danneggiare niente e nessuno.
Perché quando si "gioca" con la vita degli altri facendoli soffrire senza motivo, si chiama *violenza gratuita*, non è un gioco!
L'unico Vero Gioco è il *Gioco Responsabile* dunque, quello a cui si dovrebbero abituare i bambini fin dalla tenerissima età. Un gioco che insegni a prendersi sempre le proprie responsabilità, dunque. Tutti gli altri giochi che fanno esattamente il contrario potreste e dovreste semplicemente eliminarli!
Sappiamo bene come i giochi violenti di oggi, come i vari "sparatutto" o "destruction" e cose simili non giovino proprio a nessuno. Toglieteli dalle mani dei bambini!
Lasciategli solo giochi creativi e responsabili.

Il divertimento non significa nemmeno "sballarsi".
Divertitevi senza sballarvi! "Sballarsi" è un modo per fuggire dalla realtà e non è proprio un divertimento perché cercare

l'incoscienza dove ce n'è già troppa significa infognarsi ancora di più in ciò da cui si cerca di fuggire...
Stiamo ancora vivendo il gioco che abbiamo creato, anche se è diventato sempre più difficile! Non dobbiamo però dimenticare che lo abbiamo creato per divertirci e non per soffrire o far soffrire qualcun altro!

L'Esistenza, fondamentalmente è stata creata per il proprio divertimento, ma il divertimento cessa quando si fugge dalla realtà e non ci si prende Responsabilità di tutto ciò che si fa.
Anche quando le cose vanno male, non bisogna prenderle troppo seriamente, pur con la dovuta responsabilità bisogna cercare sempre di distaccarsi dal dramma vissuto per osservare e trovare la giusta soluzione ai problemi, proprio come si farebbe in un gioco... perché lo è!

C'è sempre una soluzione giusta a tutto. Sta a voi trovarla.
Non fossilizzatevi mai sulle soluzioni negative! Non dovreste mai accettare qualcosa credendo di non poterlo cambiare, non è mai la soluzione e non è nemmeno la Verità.

Credere di non poter cambiare le cose, è solo una grossa bugia! Lo so che si pensa che il passato non si possa cambiare... Eppure si può sempre rimediare direttamente od indirettamente.
Certo è che a volte la soluzione non arriva subito. Bisogna cercarla continuamente senza arrendersi.
Se non vi arrenderete mai, alla fine arriverete sempre a ciò che cercate!
L'importante è sapersi sempre divertire e sdrammatizzare ogni evento. In fondo, questo è pur sempre il Vostro Gioco e lo avete creato Voi!

Esiste anche il detto: "Prima il dovere, poi il piacere.". Per quanto abbia compreso e consiglio che bisogni fare soltanto il proprio dovere, ritengo che anche il gioco sia un dovere per i motivi da me menzionati.

Quindi il mio consiglio è solamente quello di fare solo il proprio dovere, ma con responsabilità e spirito giocoso.

C'è persino stato un falso maestro che diceva: "Dovreste fare solo ciò che vi piace.". Ma su questo non mi trovo d'accordo perché cercare il "piacere" senza il "dovere" e senza responsabilità sappiamo già a cosa può portare, non è necessario che ve lo ricordi.

La Vita è un Gioco.

Giocare continuamente serve a mantenere il morale alto e ad arrivare prima alle soluzioni che si cercano.

Giocare serve ad imparare velocemente, a vivere meglio, con più Coscienza ed Amore, oltre che a Conoscere e Conoscer-Si!

Se ti prendi sempre responsabilità di tutto, niente può intaccarti o farti male.

La schiavitù mentale

In questi anni abbiamo visto il controllo mentale diventare sempre più aggressivo e spietato, superando ogni limite di decenza e soprattutto ogni legge o regola sul rispetto dei diritti umani e del diritto di avere un'opinione propria.
Dove stanno le persone che dovrebbero impedire tutto questo?
Quelli pagati per tutelare i nostri diritti sono ormai diventati tutti burattini del sistema del controllo mentale.
Quei pochi cittadini umili che obiettano ancora, si trovano sempre in netta minoranza e vengono sempre spazzati via facilmente dalla stragrande maggioranza dei "conformati".

I diritti umani non vengono rispettati da nessuno che sta al potere, nemmeno si rispettano tra di loro.

Gli unici che conoscono il rispetto sono persone umili e lontane dai vertici del potere.

A nessun cittadino umile e con la coscienza a posto viene permesso di salire nella scala del potere, che è la stessa scala del sistema finanziario mondiale, la stessa scala che un cittadino comune vorrebbe scalare per guadagnare un misero stipendio.

Infatti, ogni professione, qualunque posizione rilevante nella società viene tenuta perfettamente sotto controllo sistematico e capillare, in modo tale che nessuno, ma proprio nessuno, possa arricchirsi andando contro le false verità imposte dai controllori.
Ogni proprietà di valore, ogni conto corrente viene tenuto sotto controllo e non c'è modo di fuggire da questo, a meno che si sia un controllore ai vertici del sistema corrotto e manipolatore.
Quando vedono che una persona "fuori dal sistema" si sta arricchendo senza il loro consenso, senza sottostare alla loro

dittatura, la fermano immediatamente.

Hanno tutto dalla loro parte. Banche, medici, politici, giornalisti e semplici cittadini "conformati" che non fanno altro che impedire a chi si sta svegliando di poter diffondere le verità che rendono gli esseri spirituali davvero liberi!!!

Siamo tutti schiavi dei controllori occulti! Almeno nel piano fisico. Come consapevolezza no di certo, perché ci sono persone che sanno chi e come comanda e controlla tutto e tutti e non è assolutamente d'accordo con tutto questo.

Però materialmente siamo tutti sottomessi perché non possiamo finanziare nessuna azione importante, essendo che la totalità della finanza e risorse finanziarie sono sotto il controllo di chi comanda.

Questi controllori occulti, si possono definire "il male". Il male che ha sempre vinto, a partire da una certa epoca in poi. A partire dal secondo Universo, ovvero quello che si è auto-creato dopo la fine del primo.

Ma la guerra tra il bene ed il male non è finita e non finirà sinché il bene, che è la Consapevolezza Pura, non avrà finito il proprio lavoro qui.

La Consapevolezza ha già vinto, ma sta ancora lavorando per portare la giustizia dove c'è solo ingiustizia.

Non saranno certo i giudici e magistrati corrotti che porteranno Giustizia. Ma solo chi è libero dalla corruzione del sistema.

Il controllo mentale parte dal controllo finanziario. Sempre!

Gli schiavi del potere devono essere mantenuti poveri per poter essere meglio controllati.

Il commercio generalmente è fatto prevalentemente da persone disoneste e manipolatrici della mente, che fanno solo ciò che il potere desidera. Quasi tutti quegli schiavi che hanno qualcosa da vendere, utilizzano le tecniche del controllo mentale, la manipolazione mentale per ottenere maggiori vendite e sempre maggiori profitti.

Per loro è cosa normale la manipolazione mentale.

Per almeno il 90% della popolazione non c'è nessun problema di coscienza nel manipolare la mente altrui.

Su Amazon, ad esempio, ho trovato che i libri più venduti nel campo dell'istruzione sono i libri che spiegano come manipolare la mente delle persone, ovvero quella dei potenziali clienti, per vendere loro qualunque tipo di pro-dotto facendogli credere che comprarlo sia la cosa giusta!

Sono libri che spiegano le migliori tecniche di manipola-zione mentale, che anziché essere vietati dalla censura, perché per i diritti umani e per la legge è vietato interferire con il libero arbitrio altrui, si trovano invece nei primi posti delle vendite!

Da queste piccole cose potete capire a che livello di civiltà siamo arrivati!

Siamo bombardati continuamente dalle frequenze elettro-magnetiche delle antenne 3G, 4G, 5G, ma anche dai satelliti e dalle onde provenienti dal flusso dell'energia elettrica che arriva in casa.

Siamo bombardati continuamente da comandi ipnotici subliminali e da pubblicità occulte e non, che cercano di interferire continuamente con il nostro libero arbitrio.

Bombardamenti mentali che indirizzano le menti delle persone ignare a scelte politiche e di vita volute da chi detiene il potere, oppure semplicemente vengono indirizzate ad acquisti verso determinati prodotti (che naturalmente hanno molto a che fare con il controllo mentale). Le pubblicità occulte, ma anche quelle visibili, si sono inserite in ogni spazio possibile. Non ti lasciano in pace nemmeno quando guidi l'auto! Le pagine dei giornali, pagine web, telefonini e telefonate, SMS, cartelloni sulle strade, nelle piazze, sui muri, sui pullman, su ogni mezzo possibile di locomozione, sulle magliette, sulle cartelle, sui quaderni e diari, riviste, ecc... Dove giri la testa vedi pubblicità.

La pubblicità che si inserisce in mezzo a ciò che stai guardando o facendo, ricordiamolo, è un'informazione indesiderata. Non dovrebbe essere invasiva e martellante tanto da poter intaccare il nostro libero arbitrio. Lo dice la legge. Non dovrebbe nemmeno rovinare piazze, strade, muri, parchi, libri, cartelle, ecc.

Come per la pubblicità, siamo bombardati continuamente dalle informazioni ingannevoli, le mezze verità, verità storpiate, verità addolcite, verità manipolate, verità false. Ovvero dalle *fake-news*, usando il termine inglese in voga oggi anche in Italia.
Tutte queste fake-news riempiono i TG, i giornali, i libri, le informazioni di qualunque natura... anche Wikipedia, l'enciclopedia "libera" di internet.
Libera, si, ma piena di false verità.
E tutta questa disinformazione serve per favorire il controllo mentale. Infatti, più allontani le persone dalla verità, più saranno facili da ingannare e quindi da manipolare. Ogni inganno serve per manipolarci, renderci schiavi. Chi detiene il potere dietro le apparenze ci sta utilizzando per i propri scopi malevoli e deve rimanere ben nascosto per tenerci all'oscuro di tutti i suoi piani diabolici.

Solo poche persone indipendenti e non pagate dal sistema riescono ancora a dire o pubblicare qualcosa che non faccia parte della mala-informazione del sistema. E rimangono sempre poco visibili, vengono sempre bloccate, screditate, ricattate, minacciate, emarginate ed anche eliminate se cominciano a dare troppo fastidio ai padroni del mondo.

Gli schiavi di questo sistema perverso non si rendono minimamente conto di nulla di tutto questo.
Sono convinti di ragionare autonomamente, di essere liberi ed indipendenti. Ed è questo il vero problema!

Chi è burattino del potere occulto *crede di essere libero!*

Ci dicono:"Sono libero di pensarla come voglio." "Sono un uomo libero da qualunque sistema."... Certo, certo. Come no...

Sono totalmente inconsapevoli e quindi perfetti per essere scagliati contro chi invece la verità la conosce per davvero!

E' questa la prima illusione che installano nelle menti umane programmabili: "L'illusione di essere libero" (a cominciare dal cervello che è il principale *hard disk* umano completamente programmabile, ma non soltanto quello naturalmente)!

Come vedete, ci sono riusciti alla perfezione! Il programma funziona benissimo nel 99% delle persone! Questa convinzione di essere liberi è così bene installata nelle menti ignare della popolazione che non glie la togliete nemmeno sbattendogli in faccia le prove che hanno torto! Incredibile?! È la dimostrazione che il controllo mentale è ormai totale nei confronti di questi individui!

Chi invece è ancora capace di ribellarsi allo schiavismo mentale e riesce a disobbedire nonostante tutte le minacce e soprusi, è davvero un eroe!

A questo punto, chi non si è abbassato a farsi inoculare il siero della morte dal 2021 in poi, nonostante tutti i ricatti sul lavoro, in famiglia, al supermercato, in strada ed in qualunque posto andiate, è un eroe.
Nonostante tutti gli insulti, discriminazioni, censure, fermate e blocchi di varia natura.

Il cambiamento è in mano a noi che ancora sappiamo distaccarci dalle manipolazioni mentali.

A questi unici, pochi eroi ancora rimasti.

Siamo qui per cambiare il corso delle cose.

L'idea del lavaggio del cervello non è nuova nella nostra società e, anzi, ne possiamo vedere diversi esempi nel corso della storia. In passato, veniva usato principalmente sui criminali. Questa tecnica non è un processo immediato, ma richiede diversi passaggi perché abbia successo.

Passaggi per fare il lavaggio del cervello

- Prima di tutto, bisogna tenere il soggetto isolato. L'isolamento è fondamentale per il lavaggio del cervello, perché sé è circondato da altre persone, le tattiche non funzioneranno efficacemente.

- Il secondo passaggio richiede che il soggetto metta in dubbio se stesso. Ciò significa che gli viene detto che i fatti, la logica e i valori che conosce non sono reali. Il soggetto rimane in questa seconda fase per diversi mesi prima di credere del tutto di non stare obbedendo a leggi, regole e valori giusti. La persona coinvolta diventa quindi vittima del senso di colpa.

- L'ultimo passaggio è il riconoscimento del fatto che le nuove idee, valori e leggi sono quelli giusti. Il soggetto viene indotto a scegliere questi nuovi valori e comprende a pieno le nuove idee. Impara a conoscere i benefici di questi nuovi concetti e riconosce che sono migliori dei precedenti. A questo punto, rimarrà fedele alle sue nuove credenze.

L'intero processo può richiedere diversi mesi o persino anni. Sono necessari degli incontri e delle conversazioni frequenti col soggetto. Il lavaggio del cervello non viene fatto sempre con scopi malvagi. A volte gli amici si persuadono o fanno il lavaggio del cervello l'un l'altro a scopo di bene.

Manipolazione

Un altro tipo di controllo della mente ampiamente usato è la manipolazione. La manipolazione psicologica riguarda il cambiamento della percezione e dei pensieri di un individuo per indirizzarli verso una direzione definita. La manipolazione può essere fatta con amore o in maniera aggressiva. Le persone ingannano o abusano degli altri per sopraffarli. La manipolazione prevede che una persona persuada gli altri a suo vantaggio, a prescindere da quanto soggetto. Alcuni capiscono quando vengono

Le parole usate come inganno

Mettendo una parola "invitante"o meglio *fuorviante* davanti al nome di certi veleni o di certi processi distruttivi per il corpo umano, come ad esempio la parola "terapia" nelle parole delle fantomatiche cure chiamate "Chemioterapia" e "Radioterapia", hanno convinto milioni di persone ad assumere veleni e radiazioni catastrofiche per il proprio corpo. Veleni e radiazioni altamente distruttive che ristagnano e rimangono nei corpi umani per decenni portandoli velocemente a patologie mortali... tutto studiato appositamente per indurvi a farlo, niente di tutto questo inganno è mai lasciato al caso, ormai il 90% delle persone (ed il 100% dei medici registrati all'albo) è convinto che queste "cure" funzionino!...
E INVECE NO! E ve lo dimostrerò con i fatti.
Ci hanno preso in giro per decenni, questi infami!.. E non crediate che mai, qualche inganno sia stato un caso...
No, Mai!

Così come oggi chiamano "vaccini" altri miscugli di veleni terrificanti, contenenti anche quelle famose proteine sintetiche iniettate nel sangue, mRNA, per convincervi che siano qualcosa di utile e addirittura doveroso da farsi iniettare, tanto da essere accettato al 95% dal popolo come obbligo di inoculazione (comunque contrario alle leggi dei diritti umani)e come unica strada per salvare l'umanità da una presunta "pandemia" che è stata creata ad HOC, inventata di sana pianta su bugie sistematiche, con tutto uno scenario preparato già anni prima e mostratovi anche in svariati film diffusissimi con largo anticipo sugli eventi (vedi la trama del film "Contagion" del 2011 in uno dei prossimi capitoli), per preparare la vostra mente ignara di tutto ad un programma prestabilito e studiato minuziosamente dall'élite mondiale che si nasconde dietro i governanti che appaiono in TV...

Tutti questi veleni e "cure" sono invece il modo più veloce per distruggere il vostro sistema immunitario e far morire voi e le vostre generazioni future con il vostro consenso firmato senza che voi possiate sospettare di nulla... O meglio, senza che voi vi ribelliate, perché comunque buona parte di popolo aveva dei grossi sospetti, ma ha accettato di farsi iniettare diverse dosi di veleno chiamato "vaccino"...

Almeno finché non sono morti o finché non abbiano accusato gravi disturbi... Allorché anche altri si sono allarmati e solo ora buona parte della popolazione si sta interrogando un po' di più rispetto all'inizio dell'evento del "covid"...

Infatti, nei vaccini fasulli obbligatori, c'erano anche delle sostanze abbondantemente testate sulle scimmie, che avrebbero dovuto rendere sterili tutte le persone inoculate.

Tutto già pubblicato ampiamente, me compreso, ma tenuto nascosto ai poveri malcapitati...

Ricordatevi sempre che da quasi 300 anni i capi occulti del nostro pianeta studiano un modo subdolo per ridurre la popolazione mondiale ad un massimo di 500 milioni totali di individui... Oggi siamo circa 8 miliardi dichiarati ufficialmente, anche se poi il numero reale di "individui" è estremamente superiore... (Considerando le civiltà che abitano nel nostro enorme sottosuolo e che ci tengono nascoste)

Il paradosso di tutto questo è che sono i medici a proporvi i peggiori veleni, gestiti naturalmente dall'AIFA, l'ISS, l'OMS, ecc... tutte persone "preparate" che hanno "studiato" per più di 20 anni (o forse dovrei dire che sono stati programmati come dei semplici robot) tantissime "nozioni" per arrivare ad essere gli unici detentori e fautori della vostra salute.

Perché loro sono "CERTIFICATI" e nessuno può mettere in dubbio quello che dicono o che diffondono.

Nessun medico dell'albo dei medici praticanti per legge è messo nella condizione di fare ciò che ritiene effettivamente migliore per la vostra salute...

Altrimenti verrebbe immediatamente radiato, come hanno già fatto con diversi medici.

Qualunque medico deve sottostare alle disposizioni (o forse dovremmo chiamarli ricatti?) degli organismi superiori che li controllano passo per passo, impedendo loro qualunque minima "fuoriuscita" dalla linea imposta (...e tutto questo è illegale!)

E tanto meno i cittadini non medici vengono messi nelle condizioni di poter scegliere le migliori terapie per se stessi.

Infatti, secondo la legge, non avreste mai il diritto a prescrivervi da soli farmaci o cure adeguate senza un "titolo" che può assegnarvi solamente uno Stato-truffa come il nostro, attraverso tanti burattini del potere messi a capo di tutte le istituzioni statali, nessuna esclusa, onde evitare che un qualunque autodidatta o persona "libera" possa fare qualcosa di diverso da quello che loro impongono con la "legge". Sono state create migliaia di leggi per impedire ad una persona auto-determinata di poter fare ciò che vuole della propria vita e del proprio corpo... Naturalmente "scavalcando" le LEGGI PRIMARIE di tutta l'umanità, quei famosi "DIRITTI UMANI" riconosciuti universalmente dall'ONU e dai Paesi che ne fanno parte, senza peraltro mai essere state applicate veramente da alcuno.

Perché, dopo tutte le migliaia di leggi scritte ed approvate giornalmente da tutti i governi del mondo, sembra che abbiano dimenticato di applicare quelle che sovrastano tutte le altre: quelle dei diritti umani fondamentali, ovvero la LIBERTÀ e l'INDIPENDENZA di ognuno, di ogni famiglia, di ogni popolo, di ogni cultura e di ogni Paese.

Tutte le guerre vengono fatte per l'*indipendenza* di qualcuno.

Senza *indipendenza* non esiste *libertà*.

Il reato di plagio mentale

La legislazione in Italia (tratto da Wikipedia)

In diritto penale, il plagio era il delitto, contemplato all'art. 603 del codice penale italiano, che stabiliva la pena della reclusione da 5 a 15 anni per chiunque sottoponesse "una persona al proprio potere in modo da ridurla in totale stato di soggezione".

Era stato il legislatore delegato fascista, con il codice penale, approvato nel 1930 e tuttora in vigore, a prevedere per la prima volta il reato di plagio (art. 603 c.p.) come fattispecie distinta dal reato di riduzione in schiavitù (art. 600 c.p.), contrariamente ai pareri espressi dalla Commissione parlamentare incaricata della stesura del codice, dalle Commissioni reali degli avvocati e procuratori di Napoli e Roma e dalla Corte d'Appello di Napoli. Nell'epoca repubblicana, inizialmente il reato di plagio veniva considerato un delitto equiparabile alla riduzione in schiavitù; pertanto, nell'azione del plagiario sul plagiato si doveva ravvisare l'intenzione di trarne un vantaggio.

Successivamente la Corte di cassazione, il 26 maggio 1961, definì il plagio come "l'instaurazione di un rapporto psichico di assoluta soggezione del soggetto passivo al soggetto attivo".

*A seguito di una eccezione di incostituzionalità, **la Corte costituzionale**, con la citata sentenza n. 96 dell'**8 giugno 1981** (Presidente: Leonetto Amadei; redattore: Edoardo Volterra) **ha sancito l'illegittimità costituzionale dell'art. 603** c.p., cancellandolo di fatto dall'ordinamento giuridico penale, in quanto contrastante "con il principio di tassatività della fattispecie contenuto nella riserva assoluta di legge in materia penale, consacrato nell'art. 25 della Costituzione". Nello specifico, secondo il professor Giovanni Flora, ordinario di diritto penale presso l'Università di Ferrara, la Corte sancì l'indeterminatezza della formulazione della fattispecie criminosa «adducendo essenzialmente* *l'inverificabilità del fatto contemplato dalla fattispecie, l'impossibilità comunque del suo accertamento con criteri logico-razionali, l'intollerabile rischio di arbitri dell'organo giudicante».*

La sentenza afferma tra l'altro che:

«Fra individui psichicamente normali, l'esternazione da parte di un essere umano di idee e di convinzioni su altri esseri umani può provocare l'accettazione delle idee e delle convinzioni così esternate e dar luogo ad uno stato di soggezione psichica nel senso che questa accettazione costituisce un trasferimento su altri del prodotto di un'attività psichica dell'agente e pertanto una limitazione del determinismo del soggetto. Questa limitazione, come è stato scientificamente individuato ed accertato, può dar luogo a tipiche situazioni di dipendenza psichica che possono anche raggiungere, per periodi più o meno lunghi, gradi elevati come nel caso del rapporto amoroso, del rapporto fra il sacerdote e il credente, fra il maestro e l'allievo, fra il medico e il paziente ed anche dar luogo a rapporti di influenza reciproca. Ma è estremamente difficile se non impossibile individuare sul piano pratico e distinguere a fini di conseguenze giuridiche – con riguardo ad ipotesi come quella in esame – l'attività psichica di persuasione da quella anch'essa psichica di suggestione.
Non vi sono criteri sicuri per separare e qualificare l'una e l'altra attività e per accertare l'esatto confine fra esse.»
(Corte Costituzionale, sentenza n. 96/1981)

Il reato di plagio mentale oggi non è più considerato in Italia.
Questa è stata una mossa "doverosa" da parte dei nostri controllori che ci gestiscono nascostamente partendo da tutti i nostri rappresentanti di più alto grado in ogni disciplina. Essi sono tutti schiavi e controllori allo stesso tempo. Tutti plagiati. Infatti oggigiorno il controllo (e quindi il plagio) mentale è

TOTALE, non risparmia nessuno, soprattutto agli alti livelli di grado.

Potevano dunque lasciare che le persone potessero ancora opporsi al proprio plagio, dettato dai propri padroni?

Esiste però la "circonvenzione di incapace". È esattamente come il plagio, ma qui si tratta di plagiare persone "deboli".

Dunque in questi casi sarebbe possibile dimostrare il plagio solo perché le persone erano "deboli"? E chi sarebbero quelli "forti"? Quelli che non si fanno mai plagiare da nessuno?

La motivazione della sentenza è davvero ridicola, un vero avvocato dovrebbe impugnarla e dimostrare che è nulla perché priva di fondamento, in quanto è sempre possibile dimostrare il plagio mentale ove ci sia *sfruttamento e schiavismo,* ove ci siano entrate finanziarie consentite da tante bugie o false informazioni. Chi diffonde false informazioni per avere introiti finanziari, sta facendo plagio mentale oltre che sfruttamento. Anche dove ci siano persone sotto ricatto o minaccia, costrette a fare determinate azioni per non perdere il lavoro. E poi ci sono le pubblicità occulte, subliminali, non sono forse un plagio mentale dimostrabile? E tutte le notizie false, regolarmente smentite dai fatti, diffuse dai TG e dai media controllati dal potere occulto, non stanno forse facendo plagio verso i cittadini? E la massoneria, i servizi segreti che agiscono nella segretezza per manipolare le menti delle persone che danno fastidio al potere... E i giudici corrotti, con le loro sentenze che vanno contro le leggi dei diritti umani, non stanno forse imponendo la loro volontà e facendo dunque plagio di leggi e diritti umani? La stessa sentenza della Corte Costituzionale (che è sempre infiltrata dalla massoneria, che è un organismo che va sempre contro la legge ed i diritti umani, ed è ampiamente dimostrato) che dichiara che il plagio non è dimostrabile, non ha fatto essa stessa plagio perché va a difendere tutti i massoni (e chi li gestisce) criminali, tutti i controllori della mente del popolo?

Ordunque, ciò che manca è un avvocato, o un gruppo di avvocati, che abbiano il coraggio di denunciare. Avvocati che comprendano veramente cosa sono i diritti umani e che nessuna legge o sentenza può andare contro a quei diritti!

Insomma, ci servirebbe un VERO AVVOCATO impavido!
La Corte Costituzionale, ogni volta (praticamente sempre) che non applica le leggi sui diritti umani, commette un plagio perché costringe il popolo a sottostare alle proprie sentenze criminali. Perché di questo stiamo parlando. Di criminali, come i medici, come i giornalisti, come i poliziotti ed i carabinieri che difendono i corrotti (e se stessi) anziché difendere le persone oneste ed i loro diritti.
Non c'è quasi nessuno che si muove onestamente.
Nemmeno l'ONU perché è gestita, infiltrata dai controllori della mente umana e del popolo, quindi non serve a niente se non ad impedire che vengano riconosciuti i diritti umani!
Solo poche persone veramente sveglie riescono ancora a contrastare questo strapotere del male che si è diffuso ovunque.

Ma sono proprio tutti corrotti?

Tutti sono corrotti a ragion veduta, tranne soltanto chi viene discriminato e relegato tra gli ultimi. È proprio vero ciò che veniva detto da un presunto profeta: "Gli ultimi saranno i primi". Perché saranno proprio quegli ultimi che alla fine ribalteranno il castello di illusioni tenuto in piedi da quelli che credono di essere i "primi" e che hanno in mano le redini del potere. Ovvero i più corrotti e più ignoranti, nonostante che abbiano la tecnologia.

Gli manca però la comprensione pura di tutto ciò che fanno.

Sono tutti corrotti, soprattutto quelli che dicono di non esserlo. Soprattutto quelli che minacciano azioni legali e fanno diffamazione contro chi mette allo scoperto ciò che fanno.

Perché la corruzione parte dallo stipendio e dall'essere disposti a tutto pur di avere uno stipendio.

E non sono corrotti solamente quelli ai vertici, ma sono tutti corrotti fino allo spazzino, lo sguattero che pulisce ma che comunque sta lavorando per mantenere al potere i dittatori criminali, quindi anche lo sguattero è complice/corrotto, servo del potere. Se poi si vuole fare una carriera da magistrato, anzitutto bisogna prima avere la mente completamente programmata per eseguire gli ordini che arrivano dall'alto (ovvero da quelle determinate persone che gli permetteranno di fare carriera).

Certo, sotto questo punto di vista, che è il punto di vista più onesto, leale e corretto, sono proprio tutti corrotti... Tutti disposti a non applicare la LEGGE PRIMARIA che è quella dei DIRITTI UMANI, e non la Costituzione come spesso si sente nominare.... Basta nominare la Costituzione!

Stanno calpestando sempre e continuamente i DIRITTI UMANI mettendo davanti la Costituzione per poter dire che i magistrati o altri organi di potere sarebbero indipendenti ed inattaccabili, e questo è inaccettabile! Naturalmente all'ONU sono pure tutti corrotti. L'ONU dovrebbe essere l'organismo che faccia adempiere al dovere di rispettare sempre i diritti umani, mentre invece... non lo fa MAI!

Abbiamo i poliziotti che non fanno i poliziotti perché dicono di avere le mani legate. Però lo stipendio lo prendono, per quello le mani si slegano sempre...

Abbiamo l'ispettorato del lavoro, in cui mi recai personalmente per denunciare praticamente tutti, dove mi dissero che hanno le mani legate. Però lo stipendio lo prendono.

Abbiamo magistrati, militari, medici, insegnanti... Tutta la gente che è pagata dallo stato, ovvero dai contribuenti come me, che ha le mani legate sul fare la cosa giusta, quella per cui sono pagati! Però lo stipendio lo prendono. Quindi sono tutti abusivi. Tutti che guadagnano senza adempiere al proprio dovere.

Nessuno di questi individui si sente in dovere di restituire tutti gli stipendi incassati ingiustamente. E così alimentano la corruzione e l'ingiustizia, salvo poi dire che loro non hanno nessuna colpa. Ma sarà davvero così? Ogni anno questa gente aumenta di numero e pesa sempre di più sui contribuenti che pagano tasse su tasse su tasse per mantenere gente che non fa altro che danneggiare il Paese e fare in modo che le tasse aumentino, proprio come un BUCO NERO che si ingrandisce sempre più risucchiando tutto e tutti.

Così, aumentano sempre le tasse ed aumenta la povertà degli ONESTI, perché i disonesti, bene o male riescono a fare molti più soldi proprio approfittando degli onesti... perché sono criminali corrotti... e così aumenta lo scontento generale... Cosa ci vuole per farglielo capire?

Devono capire che dovrebbero fare il proprio dovere, ovvero quello di *difendere gli onesti*, non i disonesti che comanda-no il mondo intero!

Quindi, dovrebbero prima rinunciare allo stipendio, se necessario, per disobbedire agli ordini dei capi disonesti controllori del sistema. Dovrebbero poi trovarsi (finalmente) un lavoro onesto per cui valga la pena di lavorare, per costruire una società migliore di questa, che chiaramente sta implodendo, sta andando velocemente verso la propria autodistruzione...

... Ma ESSI DORMONO! Sono quasi tutti drogati, non soltanto dal wi-fi e dai continui bombardamenti di messaggi subliminali e false notizie. Diffondono continuamente il falso buonismo, bevono alcool, assumono droghe, fanno riti più o meno esoterici o satanici (soprattutto chi sta ai vertici)... E vanno avanti così sperando che la sempre maggior cattiveria ed ingiustizia alla fine risolva tutto!

MA VERAMENTE CREDETE CHE FINIRÀ COSÌ???

QUANDO TI DICEVANO:-
MICA SARANNO
TUTTI CORROTTI !!!

Quella gara tra i medici
per fare le iniezioni:
un affare da 80 euro l'ora

▶ I dottori di famiglia: «Basta Open Day ▶ La giungla dei compensi: c'è chi prende
servizio più di qualità nei nostri studi» 3.200 euro al mese (oltre allo stipendio)

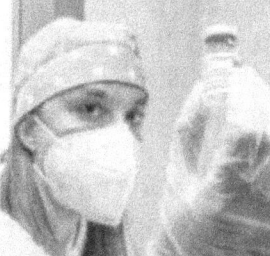

SI !!
TRANNE I SOSPESI
E I DENIGRATI

La cosiddetta "scienza"

Ma i cosiddetti "scienziati", sono davvero *scienziati* o solo degli *pseudo-scienziati* ?

L'ignoranza radicata, profonda, atavica, cinica, insita nell'uomo e soprattutto negli esseri che dominano e controllano tutti gli altri esseri è così radicata da essere diventata estremamente difficile da curare.

Come una profonda ferita aperta nella mente inconscia, inconsapevole, questa immensa ignoranza fissata da innumerevoli bugie spacciate per verità assodate nelle comuni istituzioni, come le Università e gli istituti statali, si è sempre più allargata ed ha man mano spazzato via ogni altra conoscenza che avrebbe potuto metterla in discussione. Così troviamo laureati e plurilaureati, stracolmi fino alla nausea di dati falsi mai verificati personalmente ma che si sentono "pieni di conoscenza", mentre la dura verità è che quella è una falsa conoscenza che se la coltivano come fosse l'unica vera conoscenza e mettono ostacoli a chiunque provi a dimostrare il contrario! E non solo ostacoli purtroppo perché molti ricercatori o giornalisti che scoprono verità importanti e cercano di divulgarle vengono eliminati dal sistema, assassinati in maniera subdola in modo da farlo apparire come un "suicidio" o un "incidente" autonomo.

La scuola pubblica e le Università, che determinano LA VERITÀ DI REGIME, sono in realtà un covo di menzogne!

Allo stesso modo, i controllori della mente umana che agiscono da altre dimensioni per non essere visti dall'occhio umano, che hanno la tecnologia per passare da una dimensione all'altra, dal passato al futuro e di creare qualunque illusione materiale, hanno dimenticato completamente chi e cosa erano in origine, persi nella loro bramosia del potere e del controllo. Non si rendono minimamente conto che il loro comportamento principale, il più radicato e perverso presente sia nella loro mente che, conseguentemente, anche nella mente umana, ovvero quello di manipolare, sottomettere e distruggere o far soffrire gli altri esseri, deriva essenzialmente dall'esperienza negativa e non osservata e compresa completamente della Prima Implosione Universale, il primo immenso Buco Nero che ha risucchiato tutto ciò che di "bello" era esistito dal Principio dei Tempi, nel primo universo, quello Originale.

Un'esperienza che è registrata e radicata nella mente di ogni creatura vivente e di ogni singola particella in verità, anche la più piccola, come ogni altra esperienza vissuta. Ma quella del Primo Buco Nero o Implosione Universale è l'esperienza che li ha travolti completamente e li ha trasformati da angeli che erano in origine a demoni che ora, in questo universo-copia (questa è una brutta copia, veramente molto brutta perché è la copia della copia della copia della copia ecc...), non fanno altro che danni e distruzione ovunque. E gli umani adempiono inconsciamente a tutto questo scempio, magari spacciandosi per dei "santoni" o persone "elevate spiritualmente".

Completamente ignari, nella loro ignoranza, di quel passato così lontano che determina la loro vita e le loro scelte di ogni giorno.

Siamo circondati da persone responsabili o da *assassini patentati*?

Pseudo-scienziati, pseudo-ricercatori, pseudo-medici, pseudo-insegnanti, pseudo-poliziotti, pseudo-aiutanti, ecc... insomma è una società al 99% composta da persone ignare di quello che stanno realmente facendo.

Molte persone che ancora hanno il coraggio di ribellarsi al regime (camuffato da democrazia) dicono che ci sono solo il 10% di persone sveglie mentre tutti gli altri sono come pecore... Ma purtroppo li devo smentire! Siamo messi molto, molto peggio. Quel 10% di persone ritenute "sveglie" non sono proprio così sveglie... Molte di queste sono ancora all'interno di gruppi (religiosi, politici o di altra natura) che li mantengono dentro a grossi limiti mentali... Dormono.

È davvero sorprendente quanta stupidità abbia riscontrato nelle mie ricerche sulle bugie della cosiddetta "scienza".
E più andiamo in alto a livello di "riconoscimenti scientifici" e più troviamo tante persone incredibilmente stupide che vengono premiate! Ma com'è possibile tutto ciò?
Man mano che ho fatto le mie ricerche libere nei vari campi umani (fin da quando avevo 14 anni), ho sempre constatato moltissima ignoranza e supponenza che hanno completamente fuorviato l'umanità dalla Vera Conoscenza, sia nelle scienze storiche, che umanistiche, che fisiche, ingegneristiche e soprattutto nel campo della medicina, della psicologia e della spiritualità.
Hanno riempito l'umanità di bugie ed inganni per impedire che qualcuno si potesse ribellare al compito per il quale è stato creato e messo su questo pianeta virtuale.
Non solo la matematica non è una vera scienza, mentre alcuni addirittura la ritengono *l'unica scienza "esatta"*.
Ma nemmeno la "virologia" è una scienza. Lo vedrete bene nei prossimi capitoli.
La matematica è solo teoria, un gioco virtuale di simboli, che nella pratica non può mai dare gli stessi risultati. Perché in matematica uno è uguale ad uno, ma nella realtà non è mai così! Nemmeno due gocce d'acqua potranno mai essere uguali!
Saprete, ad esempio, che gli ingegneri quando costruiscono mezzi e macchinari complessi possono fare tutti i calcoli che vogliono, ma quando si ritrovano a costruire un nuovo tipo di auto o aereo o qualunque altro macchinario, una volta costruito il prototipo sono costretti a fare numerosissimi test per verificare il vero funzionamento... Che non è mai come la teoria dei calcoli matematici! Infatti, quante sistemazioni e modifiche vengono continuamente fatte a tutti i macchinari di nuova concezione?

Allora, tutto questo dimostra che quello che serve sono le certezze, non le supposizioni... Supposizioni su cui hanno costruito interi branchi della "scienza", come la chiamano loro, i "professori" conformati al sistema ed i loro servi compiacenti.

Ma questi controllori che pilotano il nostro sistema, ben nascosti dalle frequenze che i nostri occhi non vedono, non dimostrano di certo più intelligenza di quelli che manipolano!

Infatti questi controllori occulti non hanno alcuna coscienza e commettono qualunque tipo di crimine senza alcun riguardo. E questa io la ritengo *stupidità*, non intelligenza.

Anche perché tutti i crimini che fanno si ritorcono sempre contro di loro, ma non se ne accorgono! Ancora non lo hanno capito... Vedete quanta ignoranza? Hanno la tecnologia per creare un mondo virtuale (questo), ma non hanno capito ancora come funziona l'energia che utilizzano!

Allo stesso modo, tra i loro servi del potere troviamo maghi dell'occulto, massoni, medium, operatori olistici, sacerdoti vari e servi di ogni disciplina che utilizzano potenti energie creative ma... che non sanno come queste energie si ritorceranno sempre contro di loro e contro chi li controlla a loro volta. Perché non sanno chi sono e quali sono le loro vere origini!

I nostri controllori in verità sono schiavi della propria stessa ignoranza sulla vera origine dell'energia e dell'universo e sul suo funzionamento primario.

Perché, se avessero un briciolo di vera intelligenza, che è la coscienza, non farebbero nulla di tutto quello che fanno.

La vera intelligenza è insita nella coscienza, o meglio ancora nell'anima di chi si pone le domande alla ricerca delle vere risposte.

Smettere di ricercare la Conoscenza nelle Università è il primo passo verso la vera intelligenza!

Le Università danno la laurea che poi apre le porte ad innumerevoli lavori... Ma sono lavori da *schiavi del sistema!*

Chi si laurea acconsente il proprio plagio. È un po' come donare la propria anima al demonio, con lo scopo di avere molti soldi, quindi significa inchinarsi al dio denaro.

Una volta che una persona è laureata, è stata plagiata, programmata per credere a determinate cose e non ad altre e si creerà una sorta di piedistallo mentale su cui si sentirà sempre poggiata quando parlerà a persone che non hanno lo stesso titolo o etichetta di studio. Già, quell'agognata etichetta di "Dr."!

Questo è quello che fanno i professori quando insegnano, solitamente. Si sentono in diritto di poter plagiare chiunque senza dare alcuna possibilità di una propria auto-determinazione nello studio! È vergognoso! È puro plagio, altro che "studio". Poi, certo, esiste qualche piccolissima eccezione... ma davvero, non perdiamoci in tali casi così sporadici! Loro stanno sempre sul loro piedistallo che gli permette di fare dei "lavori" molto ben remunerati, soprattutto quando sono lavori perfettamente in linea con il programma del NWO.

Naturalmente questi "professori" non se ne rendono minimamente conto, sono ignari di tutte le false verità che vanno ad insegnare e spacciare come "uniche verità". "Tutto ciò che loro non sanno, non lo sa nessuno!"

I veri ricercatori, quelli liberi dal sistema e dalle false verità di regime, sono invece persone spesso non laureate ed a volte nemmeno diplomate, essendosi svegliate prima.

Perché, vedete cosa sono riuscite a realizzare alcune di queste persone grazie all'uscita dalle verità del sistema.

Vediti Ignorante. Così potrai cominciare ad imparare.
Vediti Incapace. Così potrai cominciare a migliorarti.
Vediti Fallito. E potrai costruire il tuo vero Successo.

Il vero successo è quello spirituale, quello dell'anima.
Non è un guadagno materiale, quindi. Qui nel materiale ti ritroverai povero, o al più con pochi spiccioli che ti bastano solo per andare avanti per rimanere fuori dal sistema corrotto.

Antiche piramidi nascoste

Il nostro pianeta è pieno di grandi piramidi. E non soltanto di quelle famose come quelle Egiziane o Peruviane. Abbiamo decine di piramidi sommerse o nascoste e ricoperte da vegetazione. Evidentemente sono antichissime, molto più di quelle di Giza.

Però la scienza bugiarda, quella ufficiale gestita dai controllori, non ne parla volutamente.

Deve nascondere la nostra vera storia. Deve imporre la teoria dell'evoluzione di Darwin (che è una teoria senza alcun fondamento scientifico) per nascondere che centinaia di migliaia di anni fa c'erano civiltà evolute sulla Terra.

I "geologi", altro branco di pseudo-scienziati, affermano che queste antiche piramidi sono tutti rilievi naturali.

Ma vedete un po' voi come possono essere naturali! Sono piramidi a quattro facciate con linee rette e che finiscono a punta. Qui ve ne mostro solo alcune che ho trovato nel web.

Ma chissà quante ancora ce ne saranno di nascoste?

Piramidi Bosniache

Piramidi italiane nel Lago di Piediluco

Piramidi indonesiane

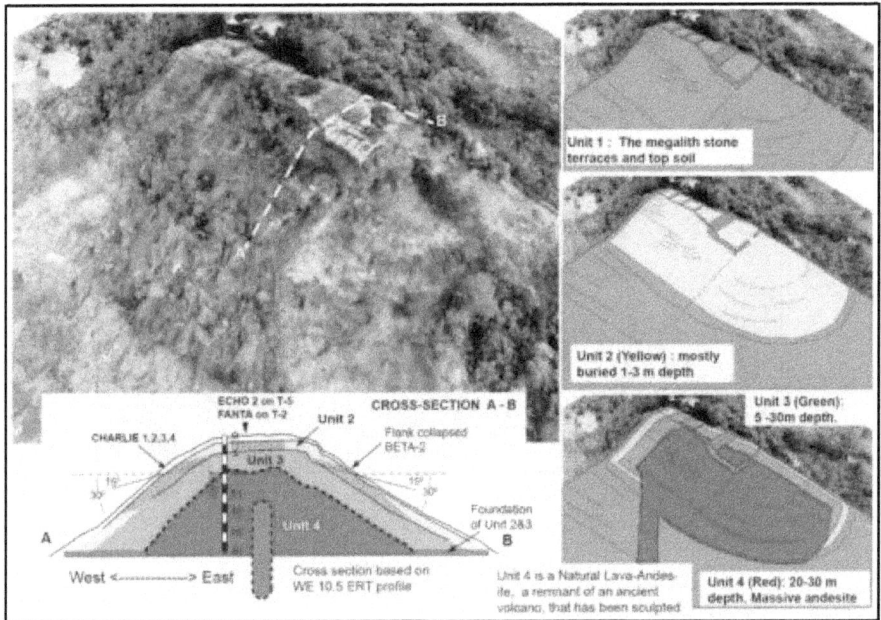

Piramidi di Kola, Russia

Cono de Arita, Argentina

Cerro San Cristobal, Perù

Bulandstindur, Islanda

Piramide sommersa di Fuxian, Cina

Piramidi in Antartide

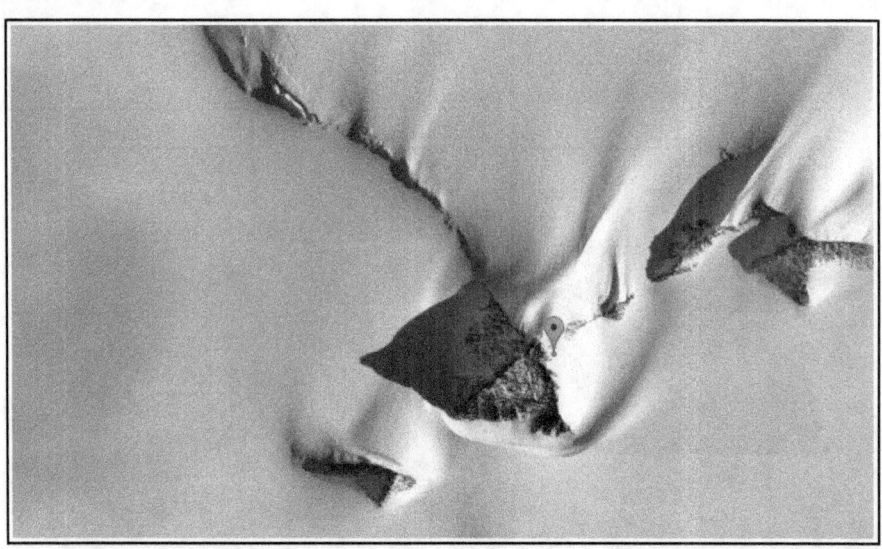

Piramide in Alaska

Piramide di Gympie, Australia

Piramide di cristallo sommersa, Bermude

Piramidi in Sardegna

Piramide di Serra do Corvo Branco, Brasile

Cosa nascondono le cavità terrestri?

Come già ampiamente documentato da altri autori, esistono decine di basi sotterranee segrete in tutto il mondo, collegate tra di loro con tunnel sotterranei. È dove vengono fatti esperimenti sulle cavie umane sia dagli alieni che dagli umani.

Nel disegno qui sotto si possono vedere le entrate principali di queste basi "segrete", ma ce ne sono moltissime altre non segnalate, così come le città sotterranee.

Anche in Italia è pieno di tunnel e basi segrete, nonostante che nell'immagine sotto sembra che non ve ne siano, ne sono venuto a conoscenza personalmente, ho persino sentito gli scavi durante alcuni anni della mia gioventù, ed ho testimonianze di altre persone che li hanno sentiti...

L'immagine seguente mostra solamente le entrate più conosciute, quelle più grandi e di certo non ci sono tutte quante...

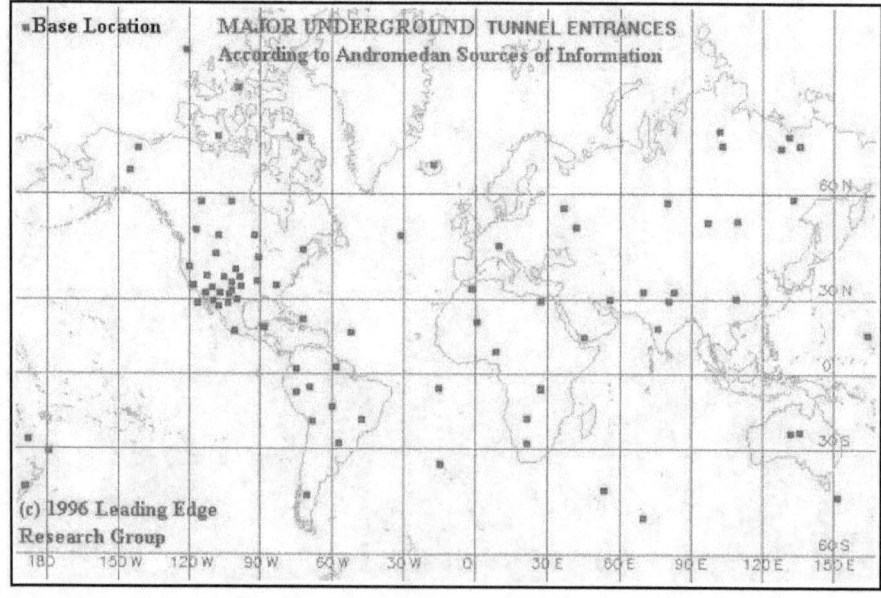

Il lento risveglio

Si parla spesso di RISVEGLIO, di gente che si sta svegliando o di chi si sente "risvegliato". Fate molta attenzione perché il vero risveglio dura decenni e molti che si sentono *risvegliati* in verità non sono nemmeno all'inizio del lunghissimo viaggio... Il vero risveglio di una persona che volesse davvero uscire da tutto questo sistema creato per schiavizzarci è in realtà molto più lungo di quanto non si riesca ad immaginare.

Anche le persone più sveglie hanno parecchio da lavorare su se stesse, ogni giorno, per mantenere il distacco da tutto ciò che li manipola e li bombarda di messaggi subliminali.

Molti che si ritengono "svegli" o "intelligenti" non hanno mai nemmeno lavorato su se stessi per uscire dai propri schemi mentali!!!
... E come possono ritenersi "svegli" ???

Il vero risveglio dura molti anni di lavoro su se stessi, attraverso dei corsi e delle tecniche precise che hanno già aiutato molti altri ad uscire dai propri schemi mentali.

Perché uscire dagli schemi mentali? Perché gli schemi mentali portano sempre a fallire. Perché la mente/energia ripete sempre se stessa e ciò non è vita. Ripetere all'infinito qualcosa, qualunque cosa che anche potesse sembrare bella all'inizio, porta sempre ad una brutta fine. Perché l'energia decade e si trasforma piano piano in qualcosa di opposto a ciò che era in origine.
Perché la vera vita non è una continua ripetizione di qualcosa.

La *vita* si può ritenere tale solamente quando si crea in continuazione qualcosa di nuovo, senza ripetere ciò che è già stato fatto, altrimenti diventa *morte*, si trasforma in una trappola mortale.

Ogni ripetizione di qualunque cosa alla fine diventa una trappola mortale. Perché le ripetizioni delle stesse cose portano sempre alla morte dell'Essere, non la vita.

Uscire dagli schemi mentali significa crearne di nuovi ogni volta, ma senza elucubrazioni mentali. Perché anche quelle sono ripetizioni di qualcosa già vissuto.

La creazione deve essere libera e spontanea. Deve essere immediata. Quando tu crei qualcosa in maniera immediata, scavalchi tutti gli schemi mentali perché la mente con le sue elucubrazioni richiede del tempo. Quindi, più "ragioni" su qualcosa da fare senza farlo, più rimugini memorie già vissute ed accumuli masse mentali che poi si ripercuote-ranno sulle tue "creazioni".

Creare istintivamente è la soluzione ideale per vivere bene, uscendo dagli schemi mentali.

Ci vuole pratica. Inoltre ci vuole studio e sperimentazione di tecniche per riuscire dove ancora non si è mai riusciti prima.

Perché il risveglio non è affatto scontato, non è "automatico.

Solo i fallimenti sono automatici. La morte è automatica.

La buona vita no, quella che vale la pena di essere vissuta.

Se vuoi avere una buona vita devi uscire dalle continue ripetizioni di schemi mentali che ti portano a perdere sempre più energia ed infine a fallire.

Quindi, serve un tuo costante impegno, una tua costante ricerca di soluzioni, una costante volontà di uscire da tutte le ripetizioni mentali.

Serve agire, fare le azioni giuste. Se rimani lì fermo a non fare mai niente di diverso, fallisci. Tutto fallisce in questo modo.

Non vi indicherò la strada del risveglio. Ognuno deve cercare la propria. Ognuno è responsabile e fautore di sé stesso e deve essere autonomo nelle proprie decisioni.

Quindi, se vi darete da fare, troverete voi le soluzioni migliori per voi stessi.

Non sono i "pensieri positivi" a creare una nuova realtà.

Sono le prese di coscienza, in verità. E' l'Osservazione pura con cognizione di causa, senza filtri mentali, quindi senza pensieri, che crea una nuova realtà. L'assenza di pensiero assieme all'osservazione pura è la migliore condizione per creare la realtà che desideriamo.

TUTTI I LIMITI CHE ABBIAMO CE LI PONIAMO NOI, inconsapevolmente. Questo a causa della propria ignoranza atavica, che non è esattamente "consapevolezza" e nemmeno "COSCIENZA INFINITA".

Infatti, la Vera Consapevolezza serve proprio a quello: a superare ogni limite che ci siamo dati nel corso di tutte le nostre esistenze. Dio siamo NOI. Il Nulla Infinito.

Sei abbastanza intelligente?

Sentirsi "abbastanza intelligente" è ciò che fa fallire la maggior parte delle volte.
Non importa se hai 180 o 200 di Q.I. Il test del Q.I. è solamente un modo per verificare la correttezza e la velocità di certe operazioni. Ti potrebbero allora convincere che i computer sono più intelligenti degli umani! Ma non è vero!

La vera intelligenza è la capacità di elaborare nuove soluzioni uscendo da ogni dogma imposto, uscendo dunque da ogni limite mentale, da ogni schema mentale, da ogni programma. Un computer sa elaborare solamente ciò che prevede il suo programma, pur complesso quanto volete, è sempre limitato.

L'intelligenza è la capacità di superare tutti i limiti.

Nel presente testo vi dimostrerò quanto le persone considerate "molto intelligenti" (parlo nientemeno che di professori universitari e "scienziati" famosi) siano in realtà vergognosamente stupide ed ignoranti oltre ogni immaginazione!

**Uscire dagli schemi mentali
e crearne continuamente di nuovi!**

Questa è vera intelligenza!
Vedersi sempre ignorante. Vedersi sempre incapace. Essere sempre alla ricerca di verità. Agire in base al proprio sentimento non al proprio stipendio.
Non è col guadagno materiale che si misura l'intelligenza...

Qui nel mondo dei corrotti, le persone davvero intelligenti si ritrovano povere o al più con pochi spiccioli che bastano solo per andare avanti quando cominciano a svegliarsi e distaccarsi dagli schemi mentali che le rendono complici di questa società malata e distruttiva... Quando cominciano a rendersi conto di quanta ignoranza ancora le condiziona e le limita.

Solo tu puoi uscire dalla tua ignoranza, con la caparbietà che ha solamente chi non si sente mai "abbastanza intelligente".
Perché il sentirsi "abbastanza intelligente" è una trappola mentale, uno schema mentale che ovviamente, chi crede di aver "studiato tanto" come ad esempio un laureato o pluri-laureato, lo utilizza per sentirsi "abbastanza ben istruito" e non doversi più prendere la briga di verificare ciò in cui crede, perché lui pensa di aver già "studiato" mentre gli altri con la quinta elementare invece no.

Ecco perché ritengo che generalmente le persone che abbiano frequentato meno le scuole pubbliche per proseguire i propri studi in maniera autonoma come *autodidatti* oppure in scuole non riconosciute, come chi ha solo la quinta elementare come titolo di studio, o la terza media, siano quelle più intelligenti.
Non me ne voglia chi si è diplomato o laureato, ma se qualcuno si è svegliato prima di loro ed ha deciso di non continuare a frequentare una scuola ufficialmente riconosciuta (oppure addirittura "obbligatoria") sapendo che era gestita da persone incapaci, irragionevoli e molto poco intelligenti, ben sapendo che queste non accetterebbero mai di essere corrette da un loro allievo, può significare che è stato più sveglio ed intelligente di altri che si sono lasciati plagiare e ricattare dalla scuola ufficiale fino ad età adulta.

La scuola non deve MAI essere "obbligatoria", ma solamente consentita.
Qualunque obbligo allo studio è una trappola per schiaviz-zare le persone, quindi l'articolo 26 della dichiarazione dei diritti umani andrebbe certamente modificato ("... la scuola elementare deve essere obbligatoria"). Anche perché la scuola dell'obbligo viene gestita ed utilizzata dai controllori della

mente per inculcare tanti falsi dati che impediranno poi alla persona di uscire dal subdolo controllo mentale totalitario attivo ora sul nostro pianeta.

In verità la laurea è una installazione di dati manipolati e spesso falsi. Una instaurazione di limiti mentali. Infatti da lì in poi, chi è laureato deve rimanere entro certi limiti di "logica mentale" per poter fare quei lavori che una laurea permette di fare. E questi limiti in realtà sono una prigione mentale e spirituale perché impediscono a queste persone di vedere oltre, soprattutto di comprendere realmente cosa c'è oltre tutta questa *falsa conoscenza*.
Ogni giorno osservo invece la vera intelligenza delle persone che hanno frequentato poco la scuola e che non "studiano" molto sui libri, ma studiano soprattutto la vita pragmatica lavorando umilmente.
E trovo che la vera intelligenza sia semplicemente la vera umiltà. La pragmaticità unita alla creatività.
Ovvero l'*ascolto* e l'*osservazione* di chi sa di dover sempre imparare qualcosa anche dai piccoli gesti e dalle piccole cose.

L'umiltà dice che per salire di livello bisogna scendere dal piedistallo.

Roberto Rigoni

Testimonianza del Dr. Sergio Brancatello

Questa bella testimonianza per ricordare l'esperienza più brutta vissuta in Italia da quando sono nato. Nella speranza che non accada mai più. "Sono nato a Palermo. Avevo tre anni, nel 1960, quando decisi che da grande avrei fatto il medico. Non sapevo veramente cosa significasse, ma una vocina nella testa, mi suggeriva che quella sarebbe stata la mia missione. Tutti ne abbiamo una, l'ho capito solo dopo tanto tempo, ma molti inspiegabilmente lo ignorano. Per me fare il medico significava salvare le vite, amare il prossimo, mettere il paziente al primo posto. Non è stato mai così facile. Ho studiato duramente nonostante al momento dell'iscrizione, nel 1975, mia madre a soli 49 anni si ammalò di "leucemia mieloide acuta" e mi dissero che avrebbe avuto pochi mesi di vita. Fortunatamente visse ancora qualche anno grazie al primario di ematologia dell'ospedale Cervello di Palermo prof. Caronia e al suo vice dott. Mirto, genero di Mauro De Mauri. Non sono riuscito a laurearmi in 6 anni, preferii stare più vicino a mia madre per anni, sia a casa che al capezzale del suo letto d'ospedale, fino all'ultimo. Le ho donato il mio sangue così come lei aveva donato a me il suo sacrificio di madre esemplare. L'ho poi accompagnata dolcemente sino al momento in cui ha potuto lasciare il suo "giovane vestito malato" per passare in un'altra dimensione. L'anno dopo la sua "partenza", mi sono laureato superando in pochi mesi 18 materie, tutte le cliniche. Mi sono sposato ed ho avuto 5 figli meravigliosi. La missione era quella di aiutare gli altri. Così sono stato prima medico di guardia medica e di base, poi direttore sanitario della marina per 8 anni e infine dal 2001 medico al 118 e di pronto soccorso ma in un'altra regione, il Piemonte. Nel 2021, dopo 36 anni di attività, sono stato perseguitato dall'Asl Cn1 perché non avevo adoperato Tachipirina e vigile attesa, ma semplice-mente curato con amore e guarito migliaia di persone, tutte gratuitamente, saltando i pasti, senza dormire. Per chi detiene un potere effimero che gli verrà tolto molto presto, ciò era una grave colpa. Mi hanno decurtato prima il 20% dello stipendio, poi il mese dopo addirittura il 100%. Quando lo seppi presentai immediatamente le mie dimissioni: il tempo di lavorare per un padrone scellerato era finito. Pensavo di fare un salto nel buio ed invece feci un salto nella luce divina. Grazie al passaparola, migliaia di persone da tutto il mondo mi hanno cercato per essere curate, ero un semplice medico; e adesso, dopo 46.000 persone curate e guarite sono sereno e mi rendo conto che quelle dimissioni sono state la chiave per compiere la mia vera missione. Adesso, da 18 mesi, mi occupo di reazioni avverse da siero maledetto; ho seguito circa 8000 pazienti e sono diventato medico di fiducia di oltre 9000 persone sia in Italia che in altri 42 paesi del mondo. Non sono stato scelto per comodità ma per fiducia, una cosa molto gratificante. Per questo motivo sono odiato da molti miei colleghi che non riuscirebbero a fare altro e sono costretti a lavorare per l'Asl. L'invidia è una brutta cosa. In un mondo parallelo il presidente della Repubblica Sergio Mattarella, mio concittadino, mi avrebbe premiato con una medaglia, così come avrebbe premiato i colleghi Andrea Stramezzi, Massimo Citro, Barbara Balanzoni, il collega Mariano Amici, senza mai dimenticare il dott. De Donno (De Donno morto suicidato a 54 anni dopo essere stato perseguitato per aver guarito migliaia di pazienti ai tempi del covid) e il suo siero iperimmune, ma in questa vita "assurda" dove tutto sembra capovolto, non funziona più così. Gli eroi sono quelli che si sono schierati con il male, che dicono stupidaggini (per non dire altro) in TV e pretendono di spacciarle come verità, gli eroi sono quelli che non hanno timore di uccidere. Gli eroi sono coloro che somministrano veleni sapendo di farlo, senza avere un briciolo di coscienza o un residuo di "anima". Ma come fa la massa a non capire?

Comunque non mi sono mai abbattuto, anche se qualche momento di tristezza passeggero c'è stato, tristezza per come funziona adesso quello che io consideravo il mio mondo, il mio pianeta, quello dove sembra oramai andare tutto al contrario.

Comunque, a fronte alta, sto cercando di completare la mia missione prima che il signore mi richiami nella dimensione da cui provengo. Verrà ben presto il tempo dell'atto finale ed allora per moltissimi sarà pianto e stridor di denti.

Dr. Sergio Brancatello

ha condiviso il suo primo post.
👋 Nuovo membro · 18 h · 📅

Sono un medico e all'inizio di questa farsa mi sono cancellata dall'albo , volendo restarne fuori, e non volendomi sporcare le mani con questa vergogna. Non voglio morire portandomi dietro la colpa di aver ucciso qualcuno per aver eseguito degli ordini.Ora e' arrivata la chiamata finale, la chiamata per la prova fedelta' che dovrete dimostrare nei confronti del sistema. Alzate la testa, con coraggio e denunciate tutte le porcherie che avete visto nell'ultimo anno.Se i vostri padroni non vi perdoneranno, almeno vi riscatterete nei confronti di Dio.Fate la cosa giusta,non avete piu' niente da perdere, fatelo per i vostri figli, liberate l'umanita' da questo incubo. Solo voi medici potete farlo,voi che sapete che una terapia genica puo' avere conseguenze catastrofiche per tutto il genere umano.

Soldi e potere

Quello che ci apprestiamo a leggere nei prossimi capitoli sono fatti che hanno in comune lo stesso denominatore, oltre al potere: i soldi.

Attraverso i soldi ed il "bisogno di soldi" installato nelle menti ignare ed ignoranti del popolo, vengono attuati tutti gli inganni, i ricatti ed i soprusi per renderli sempre più vittime e schiavi.

I crimini contro l'umanità sono attuati e gestiti sempre da persone senza scrupoli che utilizzano i soldi per ottenere ciò che vogliono.

I soldi sono sempre usati come ricatto, compreso tutto ciò che gira attorno ai soldi: lavoro, benessere, politica, medicina, scienza, informazione, magistratura ed organi dello Stato. Queste persone inoltre hanno il potere di gestire una quantità infinita di soldi che ottengono dalle banche, le quali li producono e li mettono in circolazione senza averne mai prodotto il controvalore, ma semplicemente stam-pandoli ed utilizzandoli partendo dal nulla. In questo modo creano "debito" pubblico, che in realtà dovrebbe essere attribuito solamente a chi lo ha creato: le stesse banche, i governi, servizi segreti e polizie segrete varie.

I CONTROLLORI DEL PIANETA TERRA

(organizzazioni corrotte o infiltrate)

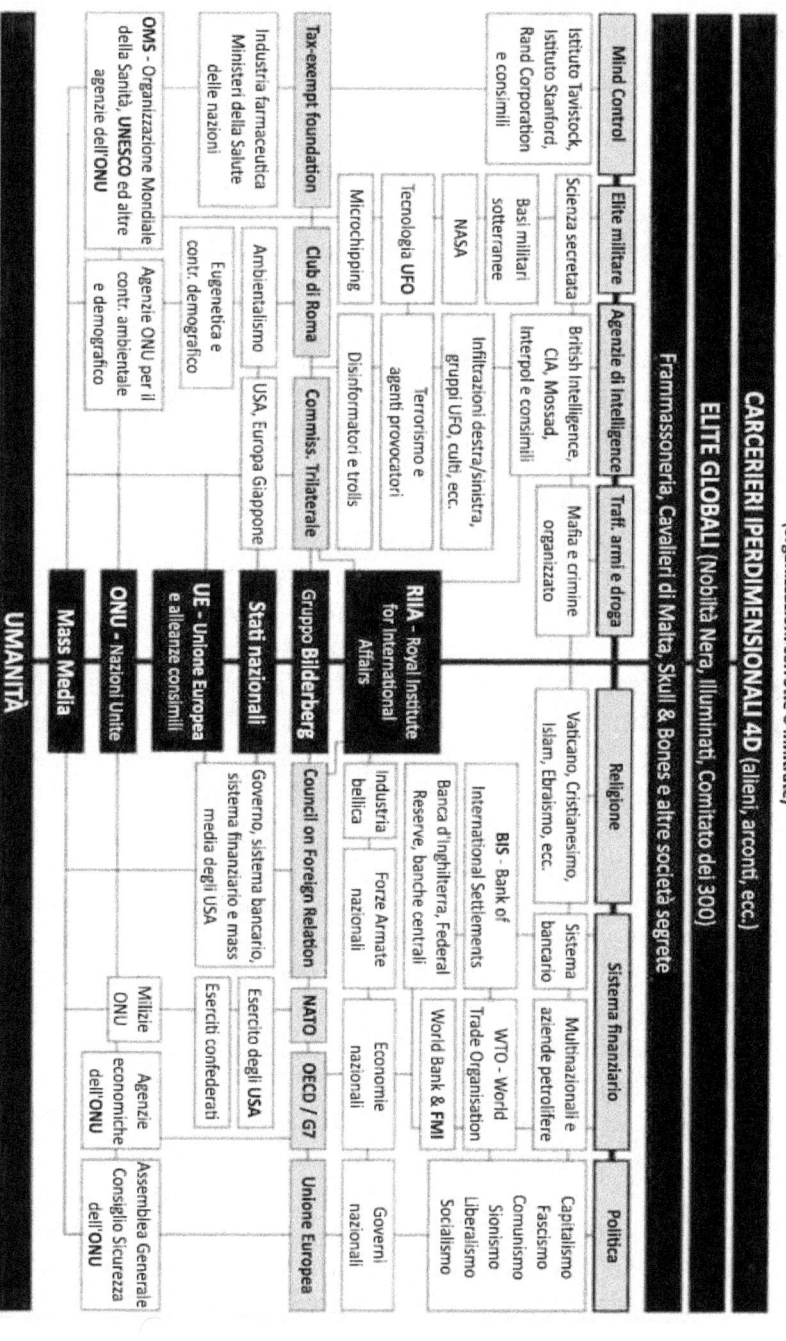

CARCERIERI IPERDIMENSIONALI 4D (alieni, arconti, ecc.)

ELITE GLOBALI (Nobiltà Nera, Illuminati, Comitato dei 300)

Frammassoneria, Cavalieri di Malta, Skull & Bones e altre società segrete

Mind Control

Istituto Tavistock, Istituto Stanford, Rand Corporation e consimili

Elite militare
- Scienza secretata
- Basi militari sotterranee
- NASA
- Tecnologia **UFO**
- Microchipping

Agenzie di intelligence
- British Intelligence, CIA, Mossad, Interpol e consimili
- Infiltrazioni destra/sinistra, gruppi UFO, culti, ecc.
- Terrorismo e agenti provocatori
- Disinformatori e trolls

Traff. armi e droga
- Mafia e crimine organizzato

Religione
- Vaticano, Cristianesimo, Islam, Ebraismo, ecc.
- Sistema bancario

Sistema finanziario
- Multinazionali e aziende petrolifere
- **BIS** - Bank of International Settlements
- Banca d'Inghilterra, Federal Reserve, banche centrali
- World Bank & **FMI**
- **WTO** - World Trade Organisation
- Industria bellica
- Forze Armate nazionali
- Economie nazionali

Politica
- Capitalismo
- Fascismo
- Comunismo
- Sionismo
- Liberalismo
- Socialismo
- Governi nazionali

Tax-exempt foundation
- Industria farmaceutica Ministeri della Salute delle nazioni
- Ambientalismo
- Eugenetica e contr. demografico

Club di Roma
- USA, Europa Giappone

Commiss. Trilaterale

Gruppo Bilderberg

RIIA - Royal Institute for International Affairs

Council on Foreign Relation

Stati nazionali
- Governo, sistema bancario, sistema finanziario e mass media degli USA
- Esercito degli **USA**
- Eserciti confederati

NATO

OECD / G7

UE - Unione Europea e alleanze consimili

Unione Europea

ONU - Nazioni Unite
- Milizie ONU
- Agenzie economiche dell'ONU
- Assemblea Generale
- Consiglio Sicurezza dell'ONU

Mass Media

OMS - Organizzazione Mondiale della Sanità, **UNESCO** ed altre agenzie dell'ONU
- Agenzie ONU per il contr. ambientale e demografico

UMANITÀ

Heartraware

89

L'inquietante lezione della peste di Ginevra

"Quando la peste bubbonica colpì Ginevra nel 1530, tutto era già pronto. Fu persino aperto un intero ospedale per gli appestati. Con medici, paramedici e infermieri. I commercianti contribuivano, il magistrato dava sovvenzioni ogni mese. I pazienti davano sempre soldi, e se uno di loro moriva da solo, tutti i beni andavano all'ospedale.

Ma poi è successo un disastro: la peste andava spegnendosi, mentre le sovvenzioni dipendevano dal numero di pazienti.

Non esisteva questione di giusto e sbagliato per il personale dell'ospedale di Ginevra nel 1530.

Se la peste produce soldi, allora la peste è buona. E poi i medici si sono organizzati. All'inizio si limitavano ad avvelenare i pazienti per alzare le statistiche sulla mortalità, ma si sono presto resi conto che le statistiche non dovevano essere solo sulla mortalità, ma sulla mortalità da peste.

Così cominciarono a tagliare i foruncoli dai corpi dei morti, asciugarli, macinarli in un mortaio e darli agli altri pazienti come medicina. Poi iniziarono a spargere la polvere sugli indumenti, fazzoletti e giarrettiere. Ma in qualche modo la peste continuava a diminuire. A quanto pare, i bubboni essiccati non funzionavano bene.

I medici andarono in città e di notte spargevano la polvere bubbonica sulle maniglie delle porte, selezionando quelle case dove potevano poi trarre profitto. Come scrisse un testimone oculare di questi eventi, "questo rimase nascosto per qualche tempo, ma il diavolo è più preoccupato di aumentare il numero dei peccati che di nasconderli."

In breve, uno dei medici divenne così impudente e pigro che decise di non vagare per la città di notte, ma semplicemente gettò un fascio di polvere nella folla durante il giorno. Il fetore saliva al cielo e una delle ragazze, che per un caso fortunato era uscita da poco da quell'ospedale, scoprì cosa fosse quell'odore. Il medico fu legato e messo nelle buone mani degli 'artigiani' competenti.

Hanno cercato di ottenere più informazioni possibili da lui. Comunque, l'esecuzione è durata diversi giorni.

Gli ingegnosi ippocrati venivano legati a dei pali su dei carri e portati in giro per la città. Ad ogni incrocio i carnefici usavano pinze arroventate per strappare loro pezzi di carne. Venivano poi portati sulla pubblica piazza, decapitati e squartati e i pezzi venivano portati in tutti i quartieri di Ginevra. L'unica eccezione fu il figlio del direttore dell'ospedale, che non prese parte al processo ma spifferò che sapeva come fare le pozioni e come preparare la polvere senza paura di contaminazione. Fu semplicemente decapitato 'per impedire la diffusione del male'".

François Bonivard, Cronache di Ginevra,
secondo volume, pagine 395 – 402

Morale della storia ? I SOLDI!!!

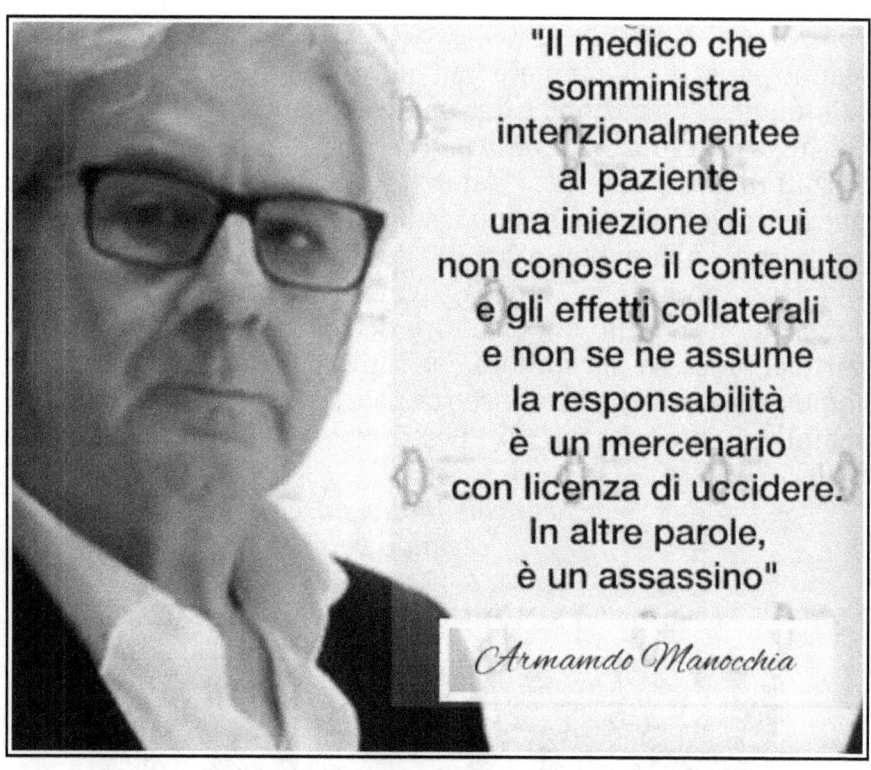

"Il medico che somministra intenzionalmentee al paziente una iniezione di cui non conosce il contenuto e gli effetti collaterali e non se ne assume la responsabilità è un mercenario con licenza di uccidere. In altre parole, è un assassino"

Armando Manocchia

IL GIURAMENTO VIOLATO

"Mi asterrò dal recar danno e offesa. Non somministrerò ad alcuno, nemmeno se richiesto un farmaco mortale, nè suggerirò un tale consiglio. (...) In qualsiasi casa andrò, io vi entrerò solo per il sollievo dei malati, e mi asterrò da ogni offesa e danno volontario, e fra l'altro da ogni azione corruttrice sul corpo delle donne e degli uomini, liberi e schiavi"
-Giuramento di Ippocrate-

Diritti umani validi solo per i criminali

Ultimamente si sente sempre più parlare delle persone che non si sentono più al sicuro. Non si sentono protette. Ma nessuno fa niente. I poliziotti, carabinieri e militari dichiarano sempre di essere "impossibilitati" nel proteggere la popolazione perché temono ripercussioni con la "giustizia". Infatti, ultimamente sono stati perseguiti penalmente molti di quei pubblici ufficiali che hanno provato a difendersi. E poi si parla sempre più spesso dei diritti dei carcerati e degli assassini, la maggior parte dei quali vengono subito rilasciati a piede libero, magari agli arresti domiciliari che equivalgono alla libertà, in sostanza...
Oppure con un braccialetto elettronico con cui la polizia possa controllare le loro mosse 24 ore su 24. Ma quei braccialetti non servono a nulla perché questi criminali uccidono tranquillamente le persone che vogliono anche indossando quei braccialetti... Mentre le persone innocenti riempiono le carceri.
Ecco allora che ogni organismo creato per mantenere la giustizia e la sicurezza pubblica oggigiorno serve solamente a difendere criminali e persone conformate al potere distruttivo.
E noi li paghiamo con le tasse. La povera gente che lavora onestamente e fatica a guadagnarsi semplicemente quello che consuma giornalmente mantiene tutti questi fannulloni (alcuni di loro pieni di soldi e che fanno una vista lussuosa) pagando le tasse, sempre più pesanti sugli onesti. Perché sono solo gli onesti, i puri, che non ingannano mai gli altri e combattono sempre per diffondere la verità a dover pagare caramente tutto questo. Perché tutti gli altri sono complici dei disonesti, diventano anch'essi disonesti facendo parte del sistema corrotto e quindi non pagano mai tanto quanto gli onesti, perché utilizzando i vari sistemi disonesti per fare soldi, li ottengono molto più facilmente.
Questa società premia solamente chi non ha alcuno scrupolo.
Eccezioni non ce ne sono, a parte qualche piccolissima ditta.
Qualche ago nel pagliaio.

Inoltre vengono premiati gli invasori clandestini che entrano in Italia abusivamente e nascostamente senza seguire nessuna legge. E gli italiani che fanno?

Anziché perseguire penalmente gli invasori, falsi profughi e falsi naufraghi, che stuprano uccidono e spacciano oltre a fare da schiavi togliendo di fatto il lavoro agli italiani di origine, li curano, gli danno vitto, alloggio, telefono, bicicletta, lavoro. Gli danno tutto ciò di cui hanno bisogno.

Sarebbe bello che questa attenzione ce l'avessero anche per tutti gli italiani in difficoltà... ma purtroppo non è così. La magistratura corrotta assieme alla politica corrotta continuano imperterriti a premiare i criminali che entrano abusivamente in Italia. Si preoccupano delle loro condizioni precarie, ovvero delle condizioni precarie dei criminali invasori e non degli italiani onesti e contribuenti che hanno pagato le tasse da generazioni e generazioni, che adesso magari non hanno più lavoro e sono disperati.

Tutto questo è inaccettabile! Fermiamoli!

I TRADITORI degli italiani: il presidente della repubblica, corte costituzionale, cassazione, magistrati, politici, giornalisti, governatori e tutte le forze armate e forze dell'ordine, ovvero tutte le istituzioni.

E naturalmente tutti gli organi segreti che per legge non dovrebbero nemmeno esistere: massonerie varie, servizi segreti e polizie segrete. Hanno tradito tutti.

Brescia, bengalese picchia la moglie. Il pm chiede l'assoluzione: "E' un fatto culturale"

La vittima contesta le conclusioni del magistrato: "Non può essere una scusante"

di Carmelo Schininà

Nel 2011 esce il film: "CONTAGION"

Eccovi la trama del suddetto film, ripresa da Wikipedia:

Dopo essere tornata da Hong Kong per un viaggio d'affari, Beth Emhoff inizia a sentirsi male, accusando inizialmente quelli che sembrano i sintomi di una banale influenza, ai quali, nel giro di poco tempo, si aggiungono delle forti convulsioni; portata velocemente in ospedale, muore poco dopo il ricovero; a seguito dell'autopsia sul suo corpo, si scopre che era stata infettata da un virus mai osservato in precedenza, suscitando immediata preoccupazione. La donna viene quindi ritenuta la prima persona conosciuta ad aver contratto la malattia causata da tale virus. Nella ricerca di una possibile cura, il dottor Ellis Cheever, capo del CDC, incarica la dottoressa Ally Hextall di indagare sui primi decessi. Contemporaneamente la dottoressa Leonora Orantes viene inviata in un villaggio cinese alla ricerca del paziente zero. Grazie alle prime indagini viene scoperto che il virus sta ancora mutando e che il ceppo originario della malattia si è diffuso per un incrocio di virus tra pipistrello e maiale e colpisce polmoni e sistema nervoso, motivo per cui il virus viene indicato con la sigla MEV-1 (meningo-encephalic virus). La gravità della situazione è subito chiara al CDC per via dell'alta contagiosità, della mancanza di una terapia e della mancanza di un vaccino.

Tra la popolazione, che vede la malattia proliferare senza che vi siano rimedi efficaci, si diffonde il panico. Alan Krumwiede, un blogger che si occupa di teorie del complotto, decide di lucrare sulla situazione e si accorda con un'azienda produttrice di un rimedio omeopatico a base di forsizia per far credere che questo preparato possa curare il virus. Dichiarando sul suo blog di essersi ammalato e di essere poi guarito grazie alla forsizia, ottiene milioni di contatti, mentre nel mondo il virus si diffonde e miete milioni di vittime, nonostante molti paesi stiano tentando di contenerlo chiudendo tutte le proprie attività ed impedendo alle persone di uscire di casa. Il dottor Cheever annuncia alla dottoressa Hextall che il virus è troppo pericoloso e dovrà essere trattato con livello di Biosicurezza 4. Il dottor Ian Sussman, tuttavia, contravviene all'ordine del dottor Cheever e riesce a far riprodurre il virus in colture virali, passo fondamentale nella ricerca di una terapia, che nessun laboratorio fino a quel momento era riuscito a ottenere. Durante l'organizzazione medica dei siti dove collocare i numerosi infetti da MEV-1, la stessa dottoressa Erin Mears contrae la malattia, morendo in uno dei luoghi che ella stessa aveva dato ordine di organizzare.

Dopo circa 2 mesi è pronto un vaccino intranasale; esso dovrebbe passare attraverso la lunga fase della sperimentazione clinica, ma la dottoressa Hextall, per permetterne un'approvazione più veloce, decide di testarlo su se stessa. La stessa dottoressa farà visita al padre, precedentemente infettato dal virus, per testare il vaccino, che risulta essere efficace. Dopo che il vaccino è stato approvato, non essendocene ancora scorte sufficienti per la somministrazione in contemporanea a tutti, si decide di somministrarlo gradualmente, basandosi sull'estrazione a sorte delle date di nascita dei cittadini per determinare un ordine di ricezione del vaccino.

Tuttavia molte persone, convinte da Krumwiede, spingono perché il vaccino non venga imposto a tutti. Il blogger viene arrestato ed accusato di cospirazione, truffa e omicidio colposo: le analisi mediche sullo stesso Krumwiede dimostrano infatti che l'uomo non presenta anticorpi contro il virus MEV-1, quindi non ne è mai stato affetto, e ciò dimostra che la cura omeopatica a base di forsizia era un inganno. Quando ormai il vaccino è stato prodotto in dosi sufficienti per fermare la pandemia in tutto il mondo, con il virus che ha ucciso circa 26 milioni di persone, il dottor Cheever rinuncia alla propria dose e la dona al figlio di un guardiano, che *aveva assistito ad una telefonata con cui il dottore aveva indebitamente sfruttato la propria posizione per far fuggire la moglie da Minneapolis prima che la città venisse messa in quarantena.*

Nel finale viene mostrata la trasmissione iniziale del virus. Le pale meccaniche di una ruspa di proprietà dell'azienda per cui lavorava Beth Emhoff abbattono alcune palme da banane in una foresta nei pressi di Hong Kong, disturbando alcuni pipistrelli che si spostano all'interno di un capannone dove vengono allevati dei suini; viene inquadrato un pipistrello che, nell'atto di nutrirsi di un pezzo di banana prelevato dalla palma da cui è fuggito, ne lascia cadere un pezzo tra i maiali sottostanti, uno dei quali lo mangia; successivamente tale maiale viene ucciso e portato in un ristorante del centro di Hong Kong, dove viene maneggiato a mani nude dallo chef.

Lo stesso cuoco, senza essersi lavato le mani successivamente al contatto con la bocca del suino, stringe la mano a Beth Emhoff, che si trova proprio in quel ristorante durante il viaggio di lavoro per la propria azienda, facendola diventare la paziente zero.

Avrete notato dalla trama di questo film del 2011 qualcosa di simile a quanto avvenuto nel mondo nel 2020?

Come hanno fatto quelli che hanno finanziato e prodotto quel film ad anticipare il futuro così dettagliatamente?

Bella domanda eh? Questa è una prova inequivocabile!

I complottisti, dunque, chi sarebbero?

Quelli che sostengono che era tutto programmato?

Quelli che hanno capito che i complotti esistono veramente?

Dalla GAZZETTA UFFICIALE DELLA REPUBBLICA ITALIANA

Serie generale - n. 276   *19-11-2021*

Art. 2

Determinazione dell'incremento tariffario massimo di riferimento per le prestazioni di assistenza ospedaliera per acuti a pazienti affetti da COVID-19
(...)
  2. L'incremento tariffario massimo, per ciascun episodio di ricovero con durata di degenza maggiore di un giorno, è pari a 3.713 euro se il ricovero è avvenuto esclusivamente in area medica e a 9.697 euro se il ricovero è transitato in terapia intensiva. In caso di dimissione del paziente per trasferimento tra strutture di ricovero e cura, l'incremento tariffario è ripartito tra le strutture in proporzione alla durata della degenza in ciascuna.

Da questo articolo-emendamento si evince la motivazione di medici ed infermieri a produrre malati in terapia intensiva onde ottenere benessere finanziario.

Il giuramento di Ippocrate, oggi diventato il *Giuramento di Ipocrita*, ormai è solo un lontano ricordo.

Solamente i più corrotti criminali pervertiti possono ancora lavorare negli ambienti sanitari.

Tutti quelli che si fanno ancora qualche scrupolo, chi ha ancora un barlume di coscienza, è già stato radiato oppure espulso, messo in attesa oppure licenziato definitivamente.

Solamente qualche sporadico medico indipendente può ancora resistere contro una sanità pubblica gestita completamente dalle case farmaceutiche, che in questi ultimi due anni hanno visto incrementare i loro profitti a ritmi vertiginosi.

La macchina dei soldi alimenta il buco nero. Noi siamo quelli che determinano l'andamento dell'universo intero, non soltanto delle nostre vite singole. E siamo prossimi ad essere di nuovo risucchiati da quel buco nero da cui siamo sempre fuggiti. Ancora, sempre per lo stesso motivo: perché le persone preferiscono fuggire dalla realtà anziché affrontarla completamente.

I medici dovrebbero essere indipendenti. Non dovrebbero essere incentivati per avere le terapie intensive piene! Dovrebbe invece essere il contrario, essere incentivati per *avere le terapie intensive vuote* ma anche *avere pazienti sani* e nessun morto, ovviamente!

Mentre invece oggi siamo arrivati al punto che la sanità pubblica costa cifre mostruose e non cura nessuno. Le persone a casa malate, con problemi cronici che i medici non sanno risolvere, mentre le cure vere che funzionano esistono. Però i medici pagati dallo stato non conoscono nemmeno l'esistenza di queste cure perché il programma di studio dei medici è gestito esclusivamente dalle case farmaceutiche, che hanno solamente l'interesse di aumentare i profitti sempre di più mantenendo i medici ignoranti.

Una macchina della morte, un buco nero che causa sempre più profitti creando morti a raffica, sofferenza, buchi finanziari, fallimento dell'economia... I risultati di questo buco nero li vediamo ogni giorno in questa società che sta implodendo. Tutto sta fallendo, mentre i profitti delle industrie farmaceutiche si impennano vertiginosamente.

Sembra che nessuno riesca a fermare questa *macchina della morte*.

Ma c'è qualcuno sta provando a fermarla, quelli che diffondono la verità. Certamente nessuno di quelli al vertice della società e che va in TV a parlare.

Chi sta al vertice di qualunque istituzione, qualunque grossa impresa è solo al servizio della propria finanza, ovvero della macchina della morte.

Sono quelli che stanno in basso, tra la gente comune, quelli che si ribellano senza attirare l'attenzione che stanno diffondendo l'informazione corretta, non i giornalisti pagati per farla, purtroppo.

Ed è con l'*informazione corretta* che si può uscire e fermare tutto questo... Con la *diffusione della verità*, non consentendo l'inganno e le bugie con cui ci bombardano giornalmente vita naturaldurante.

Questa macchina della morte, è una macchina che paga solo chi fa disinformazione. Paga bene solamente chi utilizza meglio le false verità, l'inganno.

Non capiscono nemmeno che utilizzando la verità al posto dell'inganno il profitto potrebbe essere miliardi di volte tanto, anche se non immediatamente, ma solamente dopo aver ribaltato il sistema marcio...

Si accontentano di avere il profitto immediato senza guardare alle conseguenze. Perché, se dessero un'occhiata al buco nero che stanno alimentando, forse proverebbero a fare qualcosa di diverso... Che è possibile! Infatti c'è chi sa già come fare, ma non viene ascoltato perché non ha la "specializzazione", o la "laurea" o il "diploma", o soltanto perché non si è "conformato" al sistema...

Ma è proprio questo che dovrebbero ricercare: chi non si è conformato, chi non si è lasciato manipolare!

Soltanto queste persone hanno ancora la capacità di ragionare e di trovare nuove soluzioni valide.

Tutti gli altri non hanno la capacità di farlo ma continuano soltanto a ripetere le stesse cose che hanno sempre fatto. Gli stessi sbagli, gli stessi drammi, fino all'esaurimento energetico. Fino alla solidità più estrema.

Tutto questo, per i soldi e la ricchezza immediata che non prevede nient'altro. A questo portano i profitti facili. A questo stanno lavorando gli incoscienti che hanno il potere.

TABELLA RIMBORSI PER GLI OSPEDALI
RICOVERI PER COVID

900 EURO AL GIORNO
PER 10 GIORNI
IN TERAPIA INTENSIVA

538 EURO AL GIORNO
PER 12 GIORNI
IN TERAPIA SUB INTENSIVA

250 EURO AL GIORNO
PER RICOVERI ORDINARI
DELLA DURATA
DI 14 GIORNI

ADESSO VI E' CHIARO PERCHE' SONO
STATI TUTTI REGISTRATI COME COVID ?

Gli Eroi di Satana

Ballavano perché la gente moriva?

O perché avevano stipendio triplo

SEGUENDO IL PROTOCOLLO

La dichiarazione di Vadim Zeland
(tradotta dal russo da Olga Samarina):

"Immagina che qualcuno abbia deciso di poter decidere per te: come dovresti vivere, cosa ti serve e cosa non ti serve, a cosa hai diritto e cosa non puoi fare.
Incredibile, perché così si trattano gli animali, non è vero?
Ma questa è già una realtà.
L'obiettivo non è combattere l'immaginaria pandemia, ma collegare tutti ai codici digitali, con ogni mezzo. Potresti anche non essere punzonato, basta dire che hai avuto la malattia, avrai il tuo codice. E dopo sei nostro, faremo di te tutto quello che vogliamo. Dicevano i fascisti: "Promettete loro qualsiasi cosa, li impiccheremo dopo."

Il codice risolve tre compiti contemporaneamente:

1. Creare la dipendenza dalle dosi. Lo fai una volta, e poi ancora e ancora, costantemente, altrimenti il codice non è valido.
2. Segregazione, separazione, alienazione delle persone. Qualcuno sarà favorevole, qualcuno sarà contrario, ma il progetto è questo. Divide et impera. Alla fine, saranno tutti nel gregge, ma ognuno starà nella propria cella.
3. Controllo totale. Tutte le informazioni su di te sono collegate al codice. Se sei obbediente avrai accesso al lavoro, al denaro, ai beni, ai servizi, all'intrattenimento. Non ci stai?
- Beh, resta a casa.

Quindi ora si fa tutto per digitalizzare, e lì... si apre un ampio campo per attività dei burocrati. Dopo collegheranno l'intelligenza artificiale, per gestire tutto in automatico.
L'IA sarà più spietata di qualsiasi burocrate. Con l'Intelligenza Artificiale non potrai venire agli accordi, figuriamoci aspettarsi comprensione o aiuto... Esegui o vai in galera.

Hanno molta fretta, finché il gregge non ha preso coscienza, di legalizzare il campo di concentramento e di mettere davanti al fatto: "la legge è dura, ma è la legge."

E nello stesso tempo hanno paura, perché tutto ciò è ovviamente sbagliato, antinazionale, e si potrebbe perdere la poltrona. Perciò, tastano, provano: com'è, funzionerà o no?

Se funziona, se il gregge è d'accordo, vuol dire che TUTTO È POSSIBILE.

La legge sui QR Code in Russia è stata preparata rapidamente. Ma la domanda è: chi si assumerà la responsabilità di approvarla?

"I funzionari eletti del popolo", invece di respingere con decisione la legge fascista, l'hanno reindirizzata alle regioni "per discutere".

Il Cremlino si è anche lavato le mani con un testo diretto (beh, attraverso il suo addetto stampa). Ha approvato la digitalizzazione dicendo che "... è inevitabile, e in Europa lo fanno... ".

Inoltre, per qualche motivo ha pure fatto complimenti al Meta Universo di Zuckerberg, ed ha anche espresso sostegno all'implementazione dell'intelligenza artificiale. Ha tradito il suo popolo, molto rapidamente. Se si guarda a quello che sta accadendo dalle alte torri o dal bunker per molto tempo, si perde sia il legame con le persone sia il senso della realtà.

Quindi non c'è speranza che un "leader nazionale" ci salvi. La tua sicurezza e i tuoi diritti sono tuoi problemi personali.

Alla domanda "COSA FARE?", due semplici risposte:

1. Non stare in silenzio, esprimi la tua opinione.

Non combattere il sistema, non andare a manifestazioni che semplicemente saranno disperse, ma esprimi la tua posizione - su tutte le piattaforme possibili, non solo in cucina. Perché loro non hanno più paura dei comizi, ma temono un'ampia condanna pubblica.

"I crimini più terribili si commettono con il silenzioso consenso degli indifferenti." O dei disattenti, che si sveglieranno quando

sarà troppo tardi. Mi stupisce come a volte alcuni dei "transurfers" dicano: tutti questi pendoli sono da ignorare.
Ragazzi, siete così strani... E se a casa vostra è arrivata una guerra, o vi porteranno direttamente al macello, parlerete di nuovo dei pendoli? Quanto dovete essere addormentati per non notare che nella realtà sta accadendo qualcosa di straordinario, e qui non bisogna emettere suoni "zoologici", ma svegliarsi e agire.

2. Se hai già un codice, se possibile non utilizzarlo, boicotta la digitalizzazione. È ancora possibile vivere senza tante cose.
Anche se dovessi partecipare all'"esperimento", non pensare che ti lasceranno in pace. Dovresti dare retta ai pareri di specialisti indipendenti, medici, che sostengono che più iniezioni fai più si abbasserà la tua immunità naturale, per non parlare dei rischi di effetti collaterali che già compaiono, o ancora sono sconosciuti.
Generalmente è ingenuo pensare che lo stato, il governo si prenda cura di noi. Non gli è mai importato niente, se ne sono sempre fregati di noi. È cambiato qualcosa adesso?
All'inizio hanno distrutto di proposito i resti della medicina sovietica, e ora l'aumento della mortalità è viscidamente sottovalutato e oscurato come "malattia".
L'obiettivo della digitalizzazione non è affatto la nostra salute, ma un appassionato, semplicemente insopportabile desiderio di farci obbedire.
Questo è talmente ovvio che non richiede prove, sebbene ce ne siano già abbastanza.
Perché le autorità e i funzionari ne hanno bisogno? Hanno un sogno sacro: trasferire tutte le questioni e la responsabilità al numero. Le persone devono essere controllate, invece di interagire con loro e risolvere i loro problemi.
Avete notato la tendenza? All'inizio, i funzionari si sono trasferiti dai loro uffici sull'*online*, chiudendo l'accesso fisico agli uffici. Il prossimo è l'intelligenza artificiale. Una retta via verso la Matrix. Proprio per questo la rete 5G viene

implementata. Non per i nostri bisogni, ma per comodità a controllarci.

// A proposito, ho affrontato il problema dell'intelligenza artificiale, e posso dire con sicurezza che è impossibile risolvere questo problema. La ragione non è un sistema meccanico, non è elettronico e nemmeno biologico. Dai tempi di Norbert Viner, non sono andati avanti in questa direzione. Questa non sarà intelligenza, ma uno stupido programma che farà inorridire tutti, compresi i dirigenti. //

Beh, quanto alle epidemie, questo è un ottimo mezzo per governare. E d'ora in poi lo sarà costantemente, sempre, se lo accettate senza obiezioni.

E nel post-scriptum riguardo alle iniezioni stesse. "Servono o no?" (NdA No che non servono!)

(...) Lascia che gli altri abbiano lo stesso diritto di decidere diversamente.

Eppure sembravate tutti più o meno normali.....

Una vicenda da Covid

La nonna della moglie del mio fisioterapista nel 2020 aveva 99 anni ed era al Trivulzio in casa di riposo. Covid: negativa. Come in tutte le Rsa però le famiglie non sono più ammesse. Al telefono si viene informati che gli anziani non vengono più fatti alzare. Inutile protestare, è il protocollo. Richiesta di riprendersi la nonna: impossibile per protocollo. In agosto telefonata: sta morendo questione di ore ma non per Covid. Visita per ultimo saluto? No, protocollo.
La nonna muore. Non per Covid.
Cartella clinica: Covid.

Annalia Martinelli

Appello degli Scienziati Italiani per la Sicurezza Elettromagnetica

Al Governo, al Parlamento, alle Regioni e Province Auto-nome Italiane,
noi sottoscritti biologi, fisici, chimici e medici conduciamo ricerche da decenni sugli effetti biologici dei campi elettromagnetici e non abbiamo mai usufruito di fondi dell'industria delle telecomunicazioni, a dimostrazione di aver lavorato sempre nell'interesse esclusivo della salute pubblica.

La notizia che il Governo sta prendendo in considerazione la possibilità di aumentare il valore di attenzione di 6 V/m per i luoghi di vita dove si permane più di 4 ore è motivo di grande preoccupazione.

I nostri studi, e più in generale le ricerche internazionali, da almeno vent'anni hanno ampiamente dimostrato che le esposizioni alla radiofrequenza, anche al di sotto degli attuali standard di sicurezza ICNIRP/WHO, producono danni alla salute e riducono i livelli di benessere nella popolazione.

Gruppi di scienziati, come ICEMS e Bioinitiative, e il Consiglio d'Europa (Raccomandazione n° 1815 del 2011) hanno diramato appelli per richiedere la riduzione immediata dei limiti di esposizione della popolazione a 0,6 V/m, per garantire la salute pubblica e, in particolare, l'incolumità dei soggetti vulnerabili come i bambini, le donne in gravidanza, i malati cronici, i malati di tumore e gli elettro-sensibili.

La radiofrequenza è stata associata a diverse problematiche sanitarie tra cui:
• cancro (la RF è stata classificata dalla IARC come "possibile cancerogeno per l'Uomo" nel 2011, ma studi successivi hanno concluso che la radiofrequenza rientra nei parametri della Classe 2A,1 ovvero "probabile cancerogeno", e della Classe 1 ovvero "cancerogeno certo";
• malattie neurodegenerative, come l'Alzheimer;
• infertilità maschile e femminile;

- aumento dello stress ossidativo (correlato a numerosissime malattie croniche);
- alterazioni neuro comportamentali nei bambini nati da madri che usavano il cellulare in gravidanza;
- disfunzioni immunitarie;
- alterazioni del metabolismo dell'insulina;
- aumento della permeabilità cerebrale e alterazioni del metabolismo cerebrale.

Stiamo già pagando i costi sociali e sanitari dell'aver immesso nell'ambiente livelli di radiazioni artificiali da radiofrequenza che non sono del tutto compatibili con la vita. Un aumento ulteriore dell'esposizione della popolazione a radiofrequenza non è eticamente accettabile e neppure economicamente sostenibile.

Servono, piuttosto, misure per tutelare la salute pubblica e l'ambiente. Non solo l'Uomo, ma anche animali e piante, infatti, risentono dell'esposizione cronica alla radio-frequenza, con danni significativi soprattutto alle popolazioni di uccelli, anfibi e api.

Un recente articolo del professor James Lin su "IEEE Microwave Magazine" del 3 Giugno 2023, la rivista della più prestigiosa organizzazione internazionale degli ingegneri, conclude che le linee guida ICNIRP presentano gravi limitazioni:
- proteggono solo da effetti termici acuti per esposizioni di alta intensità e di breve durata (30 minuti);
- non sono applicabili alle esposizioni a lungo termine e di bassa intensità, come effettivamente avviene nei contesti di vita quotidiani;
- si basano su informazioni obsolete;
- non proteggono dalle radiazioni della tecnologia 5G, che ha caratteristiche di forte polarizzazione, molto diverse dalle generazioni precedenti della telefonia mobile, per le quali servirebbero ulteriori studi.

https://ieeexplore.ieee.org/abstract/document/10121536

Le linee guida ICNIRP, quindi, non sono idonee a tutelare la salute umana e dovrebbero essere aggiornate secondo le più recenti pubblicazioni del settore.

La legislazione italiana (Legge 36/2001) prevede fortunatamente limiti più cautelativi perché i decisori di allora presero in considerazione due principi fondamentali e irrinunciabili:

• il Principio di Precauzione, originariamente sancito nel diritto internazionale dell'ambiente all'interno della Dichiarazione di Rio de Janeiro del 1992;

• il Principio di Minimizzazione ALARA (As Low As Reasonably Achievable), ovvero il più basso livello ragionevolmente ottenibile senza compromettere lo sviluppo tecnologico.

Per le suddette ragioni noi sottoscritti chiediamo:

1. di mantenere il valore massimo a 20 V/m per la protezione della salute pubblica dagli effetti acuti delle radiazioni;

2. di mantenere fermo il valore di attenzione di 6 V/m previsto dall'attuale legislazione (DPCM 8.07.2003);

3. di misurare il suddetto valore sulla media di 6 minuti che ha una precisa ragione biologica (è il tempo necessario alle cellule per dissipare il calore prodotto dal campo elettromagnetico) come previsto dal D.P.C.M. Dell' 8.07.2003, ovvero si richiede di abrogare l'articolo 14, comma 8 lett. d) del D.L. 179/2012, che stabilì la misurazione nell'intervallo di tempo di 24 ore, che è del tutto arbitrario e privo di ragioni se non quella di diluire i valori misurati;

4. di portare l'obiettivo di qualità a 0,6 V/m;

5. di approvare una legge sul conflitto di interessi, al fine di obbligare gli esperti chiamati a fornire pareri scientifici in ambito istituzionale a dichiarare pubblicamente le fonti di finanziamento delle loro ricerche, le loro proprietà azionarie in aziende del settore e le consulenze in conflitto con l'interesse pubblico.

Rimaniamo a disposizione per un incontro e per fornire ulteriori chiarimenti e documentazione.

La "Virologia" è una FALSITÀ... totale !
(articolo tratto dal sito: mednat.news)

by Jean Paul Vanoli 18/10/2023

La Virologia è una Scienza ? NO !

Buona riflessione per il tuo viaggio nella "virologia" che di logica NON ha nulla, mentre scopri le dure verità sulle storie ingannevoli e orribili che ci sono state indottrinate fin dalla nascita.

Il mondo della cosiddetta "virologia" può essere un caos confuso e caotico, soprattutto se non si sa dove guardare o cosa cercare. Nell'interesse di aiutare le persone a navigare tra le numerose aree interconnesse relative alla virologia e le informazioni contenute in questo sito, sto fornendo una pagina introduttiva che delinea i componenti più importanti a cui prestare attenzione durante la partecipazione a questo viaggio.

Pensa a questa pagina come alla mappa che ti guida attraverso il fantastico mondo della pseudo-scienza conosciuta come virologia. La mia speranza è che ciò contribuisca a creare una migliore comprensione dei metodi non scientifici utilizzati in questi studi in modo che chiunque possa leggere gli articoli e identificare da solo i trucchi.

Vedi cosa sono i virus:
https://pattoverascienza.com/?s=cosa+sono+i+virus
(NdA articolo pubblicato nei prossimi capitoli)

Per cominciare, affrontiamo la questione se la virologia sia o meno una scienza. Per fare ciò, dobbiamo prima esaminare alcune definizioni:

Scienza: conoscenza o sistema di conoscenza che copre verità generali o il funzionamento di leggi generali, soprattutto se ottenute e testate attraverso il metodo scientifico.

https://www.merriamwebster.com/dictionary/science

Pseudoscienza: teorie, idee o spiegazioni rappresentate come scientifiche ma che non derivano dalla scienza o dal metodo scientifico.
https://www.oxfordreference.com/view/10.1093/acref/978019
9594009.001.0001/acref-9780199594009-e-1007

Per essere considerato scienza, il campo in questione deve aderire al metodo scientifico. In caso contrario, è considerata pseudo-scienza, cioè scienza falsa. Il metodo scientifico è il processo di osservazione, discussione e sperimentazione che dovrebbe essere seguito da tutti i ricercatori. Consiste in una serie di passaggi progettati per testare un'ipotesi al fine di convalidarla o invalidarla.
I passi sono come segue:

1.Osserva un fenomeno
2. Ipotesi alternativa
    o Variabile indipendente (la causa presunta)
    o Variabile dipendente (l'effetto osservato)
    o Variabili di controllo
3. Ipotesi nulla
4. Prova/esperimento
5. Analizzare l'osservazione/i dati
6. Convalidare/invalidare l'ipotesi

La virologia è in difficoltà fin dall'inizio poiché non può osservare un "virus" in natura. Non possono vedere un "virus" fluttuare in un ospite e testimoniare questo atto che causa la malattia. Non possono osservare il trasferimento dei "virus" da persona a persona attraverso minuscole goccioline o aerosol nell'aria. Poiché i virologi non possono affatto osservare i "virus", hanno dovuto supporre che in primo luogo esistesse qualcosa di "simile al virus" che causasse la malattia. In altre parole, i "virus" non sarebbero altro che un'idea fin dall'inizio.

Stiamo ancora aspettando la prova che queste entità fittizie esistano realmente.

L'aspetto più importante del metodo scientifico per ottenere la prova necessaria di causa ed effetto è avere una variabile indipendente ben definita. Questa è la variabile che puoi manipolare per vedere se essa (la causa presunta) abbia l'effetto desiderato sulla variabile dipendente; il risultato che cambia in base alla manipolazione della variabile indipendente.

È proprio qui che sorgono i problemi in virologia. Affinché qualsiasi esperimento scientifico che tenti di dimostrare causa ed effetto sia valido, deve avere una variabile indipendente che può essere osservata e manipolata per determinare se è la vera causa dell'effetto desiderato. Per la virologia, la variabile indipendente sarebbe solo quella particella che i virologi hanno immaginato e ritenuto essere il "virus". Niente di più, niente di meno. Poiché non possono osservare i "virus" in natura né acquisirli lì per ottenere le particelle necessarie da utilizzare per la sperimentazione, i virologi devono ottenere le particelle desiderate diretta-mente dai fluidi di un paziente malato attraverso mezzi di purificazione e isolamento.

Cosa sono la purificazione e l'isolamento ?

La purificazione è il processo necessario per liberare le presunte particelle "virus" da eventuali contaminanti, inquinanti o materiali estranei presenti nei fluidi del paziente malato. Ciò significa separare le presunte particelle "virus" da qualsiasi materiale ospite, batteri, microrganismi, corpi multivescicolari, esosomi, ecc. in modo che non rimangano altro che le particelle ritenute "virus". Solo allora i virologi sarebbero in grado di utilizzare esclusivamente le particelle isolate (separate da tutto il resto) ritenute "virus" come variabile indipendente per tentare di dimostrare causa ed effetto.

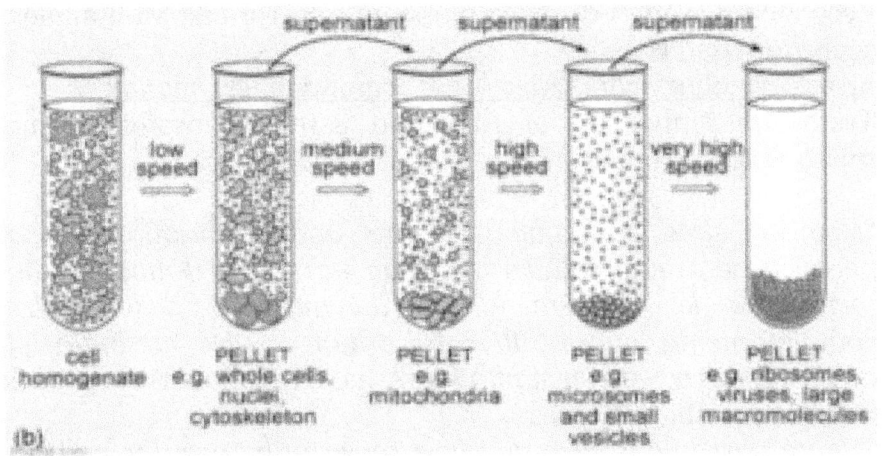

La purificazione può essere effettuata in vari modi e di solito è una combinazione di più metodi tra cui:

Centrifugazione
Filtrazione
Precipitazione
Cromatografia

Eppure è qui che incontriamo un altro ostacolo. Anche se esistono metodi di purificazione, i virologi li usano raramente, se non mai. Infatti, essi sostengono regolarmente che la purificazione non può essere effettuata per ottenere le particelle desiderate e forniscono molte scuse per giustificare ciò.

Spesso vedrai scuse come:

"Non ci sono abbastanza particelle 'virus' nel campione."
"Le particelle del 'virus' vengono danneggiate e perse durante la purificazione".
"I 'virus' necessitano di una cellula ospite e devono essere coltivati in cellule per far crescere abbastanza particelle 'virali'."

Ecco alcuni esempi di scuse messe in atto Da Luc Montagnier, scopritore dell'HIV:
https://viroliegy.com/2022/02/13/montagniers-monster/
Tratto da University of Auckland associate professor and microbiologist Siouxsie Wiles in AAP "Fact" check:

"I virus sono fondamentalmente oggetti inanimati che necessitano di una coltura in cui attivarsi. Ma il modo in cui formulano le richieste è che il campione deve essere completamente non adulterato e non essere coltivato in alcuna coltura – e non si può fare", ha detto ad AAP FactCheck in un'intervista telefonica.
"Non è possibile isolare un virus senza utilizzare una coltura cellulare, quindi utilizzando la loro definizione non è stato isolato. Ma è stato isolato e coltivato utilizzando una coltura cellulare più volte in tutto il mondo".
https://viroliegy.com/2021/09/19/what-do-virologists-mean-by-isolation/
Dal CDC:
https://www.fluoridefreepeel.ca/fois-reveal-that-health-science-institutions-around-the-world-have-no-record-of-sars-cov-2-isolation-purification/

"La produzione di virus era così scarsa che era impossibile vedere cosa potesse esserci in un concentrato di virus nel gradiente".
"Non sono state prodotte abbastanza particelle per purificare e caratterizzare le proteine virali. Non si poteva fare".
"Ripeto non abbiamo purificato. Abbiamo purificato per caratterizzare la densità dell'RT, che era decisamente quella di un retrovirus. Ma non abbiamo preso il "picco"... altrimenti non ha funzionato... perché se purifichi, danneggi."
https://viroliegy.com/2022/02/13/montagniers-monster/

Come si vede, si sostiene che, anche se esistono metodi di purificazione, questi metodi non sono adatti a separare le presunte particelle "virus" da tutto il resto. In altre parole, i "virus" non possono essere purificati (privi di contaminanti) né isolati (separati da tutto il resto) e quindi non possono essere utilizzati come valida variabile indipendente per dimostrare causa ed effetto. Pertanto, la virologia non può seguire il metodo scientifico ed è per definizione non scientifica.

In altre parole: La virologia è una pseudoscienza !

Ora che abbiamo chiarito tutto questo, come fa la virologia a tentare di aggirare il fatto che si tratta di una pseudoscienza per ingannare le masse ?
Ciò avviene principalmente attraverso la ridefinizione di criteri e definizioni.

Coltura cellulare = "Virus isolato ?"

Quando i virologi si riferiscono all'isolamento di un "virus", come visto negli esempi sopra, non si riferiscono a particelle separate e prive di contaminanti, sostanze inquinanti, materiali estranei, ecc.
La loro definizione è qualcosa di completamente diverso, come spiegato dal virologo Vincent Racaniello:

"Molti dei termini usati in virologia sono mal definiti. Non hanno definizioni universalmente accettate e non esiste una 'bibbia' con i significati corretti".
"Cominciamo dal termine "virus isolato", perché è il più

semplice da definire. Un isolato è il nome di un virus che abbiamo isolato da un ospite infetto e propagato in coltura. I primi isolati di SARS-CoV-2 sono stati ottenuti da pazienti affetti da polmonite a Wuhan alla fine del 2019. Una piccola quantità di liquido è stata inserita nei loro polmoni, prelevata e posta sulle cellule in coltura. Il virus nel fluido si riproduceva nelle cellule e voilà, abbiamo avuto i primi isolati del virus. Isolare il virus è un termine molto semplice che non implica altro che il fatto che il virus è stato isolato da un ospite infetto".

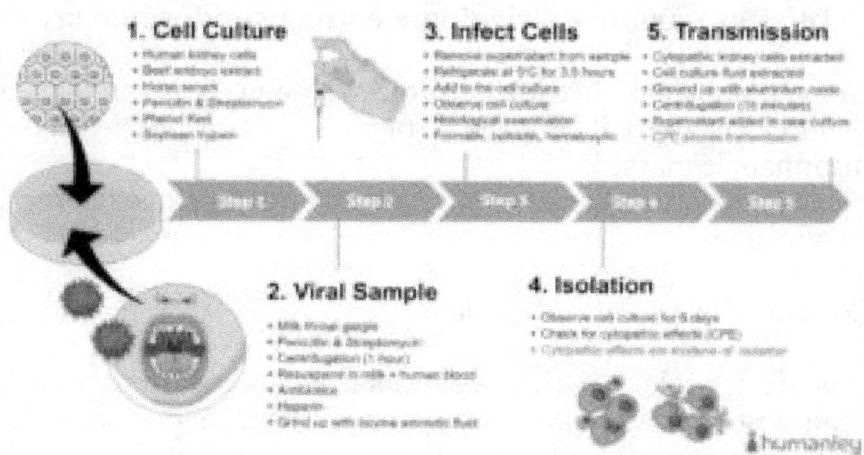

https://viroliegy.com/2021/10/12/virologists-making-conclusions-not-justified-by-the-data/

Ciò che i virologi chiamano *isolato* è il fluido dell'ospite malato con tutto ciò che è incluso. I fluidi non purificati (contenenti materiali dell'ospite, batteri, microrganismi, ecc.) vengono miscelati con molti altri materiali come antibiotici/antifungini, sangue di mucche, sostanze chimiche e "nutrienti" minimi, ecc. e vengono aggiunti ad una coltura cellulare normalmente costituita da reni di scimmia verde africana o una linea cellulare cancerosa proveniente dall'uomo. Dopo aver coltivato per giorni, i virologi cercano prove della morte cellulare nota come effetto citopatogeno (CPE) per affermare che nella zuppa non purificata è presente un "virus". Ci sono però due problemi a riguardo:

Il CPE nella coltura cellulare che i virologi cercano come prova non è specifico dei "virus" e può essere causato da numerosi altri fattori.

La miscela dei fluidi non purificati dell'ospite con molti contaminanti ed elementi estranei è l'esatto opposto della purificazione e dell'isolamento.

Pertanto, dovrebbe essere chiaro che non è possibile utilizzare il surnatante di colture cellulari come variabile indipendente per aderire al metodo scientifico per determinare causa ed effetto poiché vi sono numerose sostanze mescolate insieme in una zuppa tossica. Ognuna di queste sostanze all'interno della zuppa potrebbe potenzialmente causare l'effetto attribuito al "virus" invisibile. È anche importante notare che non si è mai osservato alcun "virus" all'interno della coltura cellulare, si osserva solo l'effetto CPE non specifico. Il metodo di coltura cellulare sostenuto dai virologi fallisce in due componenti molto importanti del metodo scientifico che non possono essere realizzati senza di essi.

Soddisfare i postulati di Koch ?

Nel 1884, lo scienziato tedesco Robert Koch ideò una serie di criteri basati sulla logica, che dovevano essere soddisfatti per dimostrare che uno specifico agente patogeno causava una malattia. Nel 1890 li aveva perfezionati e pubblicati.

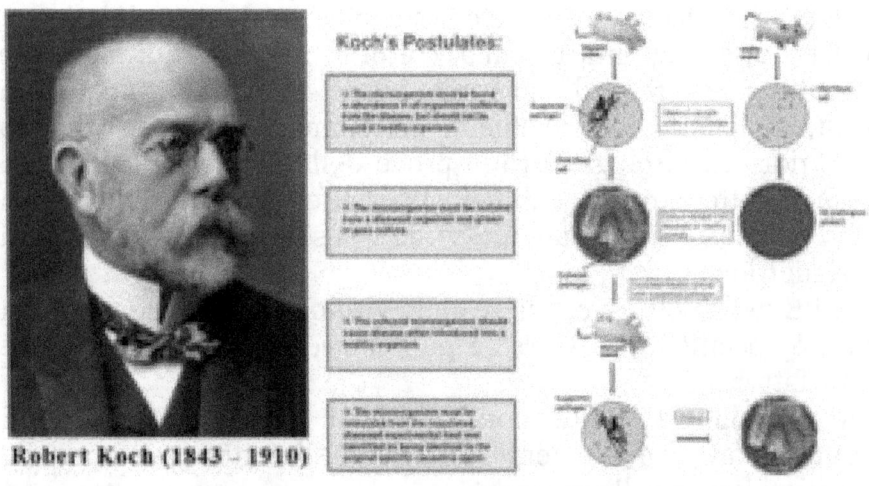

Robert Koch (1843 - 1910)

All'epoca furono sviluppati i criteri di Koch per i batteri poiché i "virus" erano sconosciuti e furono ufficialmente "scoperti" solo nel 1892 con il "virus" del mosaico del tabacco per le piante.

I quattro Postulati originari erano:

Il microrganismo deve essere presente in abbondanza in tutti i casi di soggetti affetti dalla malattia, ma non dovrebbe essere presente nei soggetti sani.

Il microrganismo deve essere isolato da un soggetto malato e coltivato in coltura pura.

Il microrganismo coltivato dovrebbe causare la stessa identica malattia se introdotto in un soggetto sano.

Il microrganismo deve essere re-isolato dall'ospite sperimentale inoculato e malato e identificato come identico all'agente eziologico specifico originale.

Sin dai tempi di Koch si discute se i postulati di Koch possano mai essere soddisfatti per i "virus". Nel 1937, l'eminente virologo Thomas Rivers ammise che era *"ovvio che i postulati di Koch non erano stati soddisfatti nelle malattie virali"*. Ha cercato di rivedere i Postulati della virologia annacquandoli per rendere più facile per i virologi soddisfarli. Tuttavia, anche con le revisioni, i virologi non sono stati in grado di soddisfare questi postulati. Il problema è che per soddisfare questi criteri basati sulla logica, i virologi devono aderire al metodo scientifico avendo purificato e isolato le particelle "virus" per dimostrare causa ed effetto. Come abbiamo già discusso, non possono farlo poiché la virologia è una pseudoscienza che tenta di aggirare il metodo scientifico.

Pertanto, sono sorti molti argomenti nel tentativo di dipingere la soddisfazione dei postulati di Koch come irrilevante affermando:

I Postulati sono superati.
Sono stati creati solo per i batteri.
I "virus" non possono essere coltivati nella coltura pura.
Lo stesso Koch non poteva soddisfare i propri criteri.

Sono sicuro che ci sono molte altre scuse che ho tralasciato, ma il quadro dovrebbe essere cristallino. I virologi non possono soddisfare i requisiti logici che devono essere soddisfatti per dimostrare che un microbo causa una malattia. Abbastanza divertente, anche se sono stati fatti tentativi per screditare i Postulati, l'OMS ammette ancora che devono essere soddisfatti:

"L'identificazione definitiva di una causa deve soddisfare tutti i criteri del cosiddetto "postulato di Koch". Gli ulteriori esperimenti necessari per soddisfare questi criteri sono attualmente in corso in un laboratorio nei Paesi Bassi". - OMS 2003
https://web.archive.org/web/20210105005624/https://www.who.int/csr/don/2003_03_27b/en/

Ci sono anche virologi che ammettono di dover adempiere a

questi postulati. Da Ron Fouchier:

«Per cominciare, scopriremo se gli animali si ammalano a causa di questo virus. Puoi isolare un virus da un paziente, ma ciò non significa che sia morto a causa di esso; per dimostrare che provoca malattie è necessario soddisfare i postulati di Koch».

https://www.sciencemag.org/news/2012/09/ron-fouchier-new-coronavirus-we-need-fulfill-kochs-postulas

Dal documento di Zaki MERS:
"Sarà altrettanto importante verificare se l'HCoV-EMC soddisfa i postulati di Koch come agente eziologico di gravi malattie respiratorie".
https://www.nejm.org/doi/full/10.1056/nejmoa1211721

Dal documento di Zhou "SARS-COV-2":
"Sebbene il nostro studio non soddisfi i postulati di Koch, le nostre analisi forniscono prove che implicano il 2019-nCoV nell'epidemia di Wuhan".
https://www.nejm.org/doi/full/10.1056/nejmoa2001017

Dal documento di Zhou "SARS-COV-2":
"L'associazione tra 2019-nCoV e la malattia non è stata verificata mediante esperimenti sugli animali per soddisfare i postulati di Koch per stabilire una relazione causale tra un microrganismo e una malattia. Non conosciamo ancora la modalità di trasmissione di questo virus tra gli ospiti".
https://www.nature.com/articles/s41586-020-2012-7#ref-CR13

In qualche modo, l'OMS e questi vari virologi non hanno ricevuto la nota per cestinare i Postulati. È ovvio, contrariamente a quanto gli oppositori vogliono far credere, che questi quattro criteri devono essere soddisfatti per dimostrare che un "virus" causa una malattia. Per fare ciò, è necessario attenersi al metodo scientifico prevedendo la variabile indipendente delle particelle purificate isolate prelevate direttamente da esseri umani malati per dimostrarle patogene in modo naturale. Prendere fluidi non purificati da pazienti malati e aggiungerli a miscele di colture cellulari tossiche non risolve il problema e gli pseudoscienziati lo sanno.

L'indiretto non è uguale al diretto

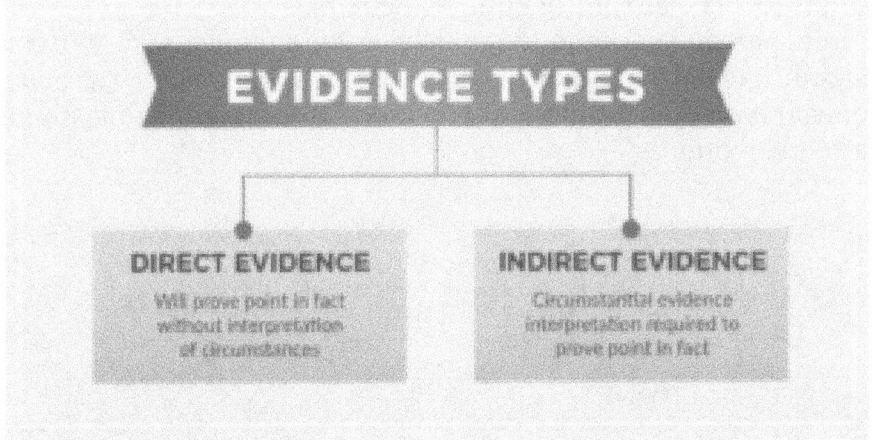

Poiché i virologi non possono fornire le particelle purificate e isolate che ritengono siano "virus", non hanno prove dirette dell'esistenza di detti "virus". La prova diretta è quella che dimostra, e dimostra direttamente, un fatto fondamentale. Per aggirare questo enigma, i virologi hanno tentato di fornire una serie di prove indirette per sostenere la mancanza di un vero accordo. La prova indiretta è una combinazione di molti fatti che non offrono una prova diretta ma, se si rivelano veri, consentono di dedurre un fatto chiave in questione. Le diverse fonti di prove indirette che sostituiscono il "virus" invisibile includono:

Coltura cellulare ed effetto citopatogeno (CPE)

Immagini al microscopio elettronico
Risultati degli anticorpi
Genomi
Studi sugli animali

Esamineremo brevemente ciascuna di queste aree iniziando con la microscopia elettronica poiché abbiamo già accen-nato in precedenza alla coltura cellulare.

Microscopia elettronica: punta e dichiara.
Molte persone pensano che, poiché ci sono immagini di "virus", significa che è stata dimostrata l'esistenza dei "virus". Tuttavia, questo è uno dei grandi INGANNI che la virologia ha messo in atto nel mondo.

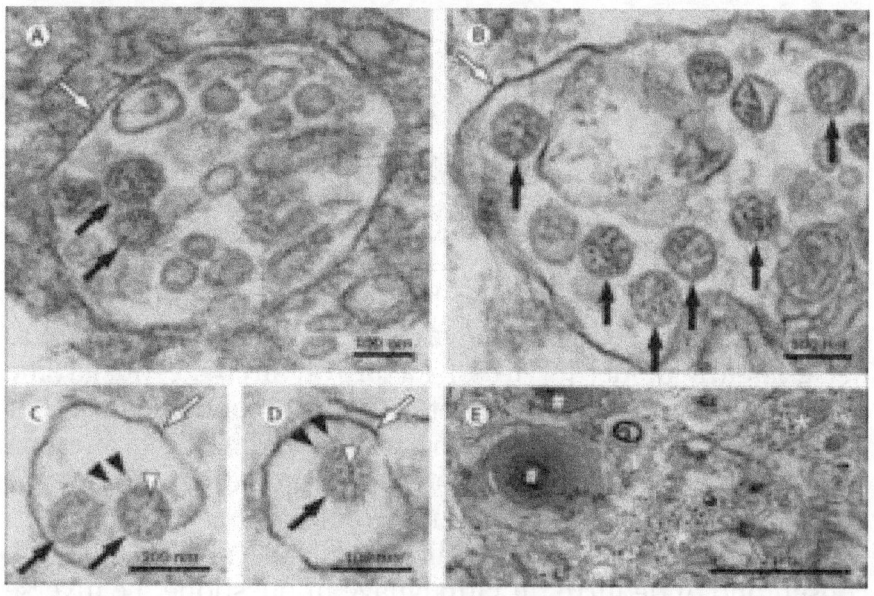

Come abbiamo discusso in precedenza, i virologi non possono purificare e isolare le particelle che credono siano "virus" direttamente dai fluidi dei pazienti malati. Per ottenere le immagini EM, prendono il surnatante (strato superiore di liquido) della coltura cellulare non purificata e lo sottopongono a una serie di passaggi per preparare il campione per l'imaging. Questi passaggi includono:

Fissare (cioè uccidere) il campione con glutaraldeide o paraformaldeide.
Colorazione del campione con metalli pesanti.
Disidratare il campione in concentrazioni crescenti di alcol.
Incorporamento del campione in una resina epossidica.

Non solo i fluidi non purificati del paziente malato sono stati pesantemente alterati a causa di tutti gli inquinanti aggiunti durante il processo di coltura cellulare, ma vengono ulteriormente alterati durante il processo di preparazione del campione per EM. Le immagini risultanti sono particelle casuali provenienti da un mare di miliardi di particelle simili e/o identiche che sono state poi estratte come rappresentazione del "virus". Il tecnico EM indica le particelle casuali e le dichiara come il "virus" senza prove che le particelle siano effettivamente colpevoli.
Poiché le immagini EM non riguardano particelle purificate/isolate, le prove sono indirette nella migliore delle ipotesi e del tutto fraudolente nella peggiore. Infatti, il microbiologo Harold Hillman sosteneva che queste imma-gini non erano altro che manufatti creati dallo stesso processo utilizzato per ottenerle. Il risultato finale è che le immagini sono quanto più lontane possibile dalla realtà.

Anticorpi: un'entità immaginaria ne dimostra un'altra?

Un altro trucco indiretto che i virologi amano usare è la cosiddetta specificità degli anticorpi per legarsi solo al bersaglio del "virus" previsto. Ci è stata venduta l'idea che dentro di noi esistano anticorpi che si impegnano in una guerra totale contro il "virus" patogeno invasore per riportarci in salute. Gli anticorpi vengono utilizzati per affermare che uno specifico "virus" è presente in laboratorio e anche per affermare che si ha una qualche forma di immunità dopo la vaccinazione o acquisita da "infezione" naturale.

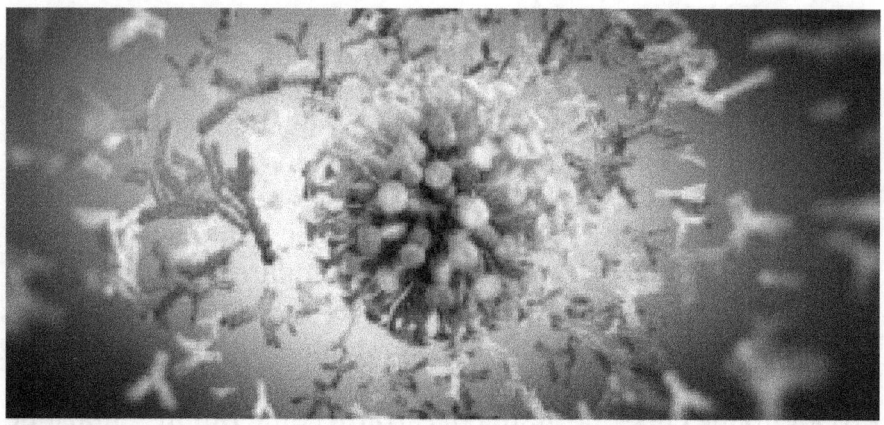

Tuttavia, ciò che la maggior parte non sa è che, come i "virus", anche gli anticorpi non sono mai stati purificati e isolati direttamente dai fluidi umani.

Queste entità sono del tutto teoriche e non sono mai state osservate. Inoltre, come i "virus", gli anticorpi erano solo frutto dell'immaginazione di vari ricercatori della fine del XIX secolo che non li aveva-no mai visti in azione. In effetti, ci sono non meno di sei teorie che tentano di spiegare la forma e la funzione di queste creazioni immaginarie.

Queste includono:

      Teorie istruttive
      Teoria del modello diretto
      Teoria dei modelli indiretti
      Teorie selettive
      Teoria della selezione naturale
      Teoria della catena laterale
      Teoria della selezione clonale

Teoria della rete immunitaria
I virologi utilizzano regolarmente test anticorpali per affermare di avere presente un "virus" specifico. In sostanza, esaminano le reazioni chimiche indirette in un laboratorio per affermare la presenza di anticorpi che vengono poi utilizzati per affermare la presenza di un "virus". I test utilizzati regolarmente nei documenti includono:

Saggi di neutralizzazione
Test di inibizione dell'emoagglutinazione
Test di fissazione del complemento
Saggi immunologici
Immunoblot
Prove di flusso laterale

Ciò che i virologi non ammetteranno apertamente è che gli anticorpi non sono specifici e si legano regolarmente a proteine che non sono il bersaglio previsto. Gli anticorpi venduti ai laboratori variano in termini di qualità e differiscono da lotto a lotto, il che spesso porta a risultati errati e falsi. Il lavoro svolto con gli anticorpi è irriproducibile e irreplicabile, il che ha portato a una crisi di riproducibilità nelle scienze.
La ragione di tutto ciò è che gli anticorpi rimangono un costrutto teorico non dimostrato. Dovrebbe essere ovvio che non si può usare una creazione immaginaria per affermare l'esistenza di un'altra creazione immaginaria, eppure i virologi continuano a usare questa illusione per ingannarvi.

Genomica: A, C, T, G casuali in un database:

Con l'avvento della virologia molecolare, la genomica ha svolto un ruolo sempre maggiore nell'illusione "virale".

L'avvento della PCR negli anni '80 ha portato l'uso della macchina DNA Xerox a diventare un test improvvisato per rilevare i "virus" basandosi su frammenti dei loro genomi.

Tuttavia, come è stato dimostrato durante la (falsa) "pandemia Covid-19", la PCR è altamente imprecisa e non è adatta a questo scopo. Ciò che è anche evidente è che i genomi stessi sono del tutto inaffidabili poiché i virologi non sono in grado di sequenziare esattamente lo stesso genoma ogni volta. Al momento in cui scriviamo, circolano quasi 10,5 milioni di varianti dello stesso "virus".

https://www.gisaid.org/

hCoV-19 data sharing via GISAID

10,462,799
genome sequence submissions

Perché è così ? Come discusso in precedenza, poiché i virologi

128

non sono in grado di purificare e isolare le particelle che sostengono siano "virus", il genoma risultante proviene da miscele non purificate di RNA/DNA che includono varie fonti come esseri umani, animali, batteri e altri microrganismi. Non esiste assolutamente alcun modo per stabilire da dove provenga il materiale genetico né se appartenga ad un'unica fonte.

Tuttavia, ciò non ha impedito ai virologi di creare e assemblare modelli teorici di A, C, T, G casuali in un database informatico per affermare l'esistenza di un "virus" mai visto prima. Il fatto che ci siano numerosi passaggi che i campioni attraversano durante la creazione di un genoma che portano ad alterazioni, artefatti, distorsioni ed errori rende facile vedere che il genoma non è altro che una rappresentazione indiretta e fraudolenta senza senso di una non-entità esistente.

Prova di patogenicità ?

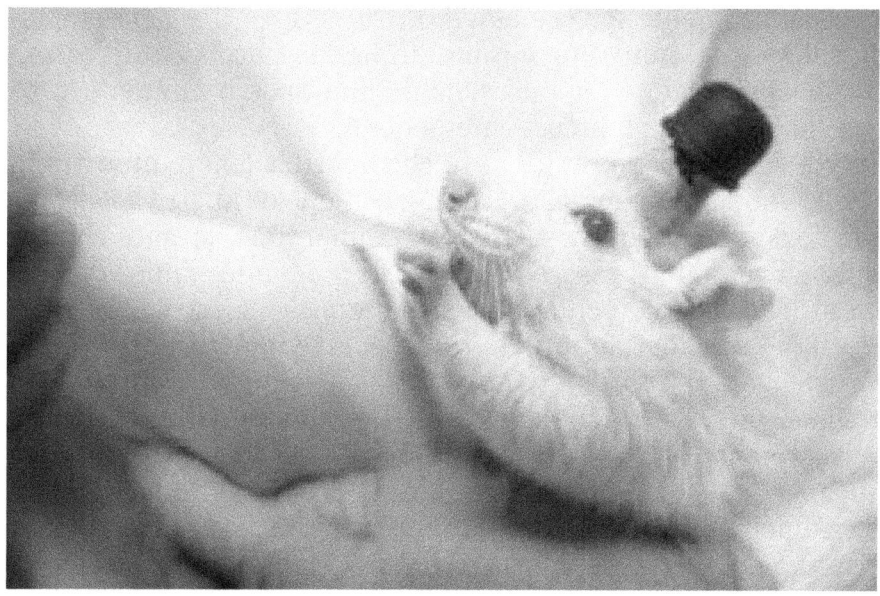

L'aspetto più orribile dei metodi indiretti utilizzati per affermare l'esistenza di "virus" patogeni è la tortura crudele e grottesca a cui gli animali sono regolarmente sottoposti nella ricerca di prove (tutt'ora inesistenti).

Sono stati praticati dei fori nelle teste delle scimmie per poter iniettare nel loro cervello il midollo spinale emulsionato di un bambino di 9 anni. Questa era la "prova" che la poliomielite causava la paralisi. I conigli venivano regolarmente raschiati con carta vetrata e venivano strofinate sulle ferite emulsioni tossiche di tessuti di verruche macinati per "provare" l'esistenza del "papilloma-virus". Ai conigli questa sostanza veniva iniettata direttamente nelle vene, nello stomaco, negli strati di grasso della pelle, nei testicoli e nel cervello. Ai conigli venivano anche scarificati gli occhi con il bisturi per iniettare la sostanza appiccicosa presumibilmente contenente il "virus" del variola-zoster (varicella/fuoco di Sant'Antonio) per "provare" la patogenicità. Sono stati inoltre iniettati in tutti i posti abituali, compresi i testicoli. Racconti terrificanti come questi sono maturi nella letteratura virologica. Spesso gli esperimenti finivano con un fallimento e gli animali venivano torturati e uccisi inutilmente senza alcun motivo.

In tutti i casi, non vengono mai utilizzate particelle di "virus" purificate/isolate e la miscela iniettata spesso contiene resti macinati di animali precedentemente uccisi.

La via del "contagio" è tutt'altro che naturale e non dimostra in alcun modo patogenicità, contagiosità e/o infettività. Nella migliore delle ipotesi, questi esperimenti mostrano che gli animali possono essere avvelenati mediante l'iniezione di tessuti/fluidi malati chimicamente alterati.

Perché i virologi fanno di tutto per tentare di dimostrare l'esistenza di "virus" patogeni? È perché i tentativi di trasmettere i "virus" naturalmente da uomo a uomo falliscono miseramente la maggior parte delle volte. Durante l'influenza spagnola del 1918, furono condotti esperimenti di trasmissione su numerosi volontari in occasioni separate su diverse coste. I risultati del "virus più mortale" di tutti i tempi sono stati molto rivelatori:

"L'esperimento è iniziato con 100 volontari della Marina che non avevano precedenti di influenza.

Rosenau fu il primo a riferire sugli esperimenti condotti a Gallops Island nel novembre e dicembre 1918. I suoi primi volontari ricevettero prima un ceppo e poi diversi ceppi del bacillo di Pfeiffer mediante spray e tampone nel naso e nella gola e poi negli occhi. Quando tale procedura non riusciva a produrre la malattia, ad altri venivano inoculati miscugli di altri organismi isolati dalla gola e dal naso di pazienti affetti da influenza. Successivamente, alcuni volontari hanno ricevuto iniezioni di sangue da pazienti affetti da influenza.

Infine, 13 volontari sono stati portati in un reparto influenzale e esposti a 10 pazienti affetti ciascuno. Ogni volontario doveva stringere la mano a ciascun paziente, parlargli a distanza ravvicinata e permettergli di tossire direttamente in faccia.

Nessuno dei volontari in questi esperimenti ha sviluppato l'influenza. Rosenau era chiaramente perplesso e mise in guardia dal trarre conclusioni da risultati negativi. Ha concluso il suo articolo su JAMA con un significativo riconoscimento: "Abbiamo iniziato l'epidemia con l'idea di conoscere la causa della malattia ed eravamo abbastanza sicuri di sapere come si trasmetteva da persona a persona.

Forse, se abbiamo imparato qualcosa, è che non siamo del tutto sicuri di ciò che sappiamo sulla malattia".

La ricerca condotta ad Angel Island e continuata all'inizio del 1919 a Boston ampliò questa ricerca inoculando lo streptococco di Mathers e includendo la ricerca di agenti filtranti, ma produsse risultati negativi simili. Sembrava che quella che era riconosciuta come una delle malattie trasmissibili più contagiose non potesse essere trasferita in condizioni sperimentali.

https://www.ncbi.nlm.nih.gov/pmc/articles/PMC2862332/#!po=60.7527

A causa dei ripetuti fallimenti degli esperimenti di trasmissione da uomo a uomo, questi tipi di vie naturali di esposizione sono state ritenute non etiche e sono state sostituite dalla tortura, dallo smembramento e dall'omicidio di animali, molto più "etici".

Esistono, tuttavia, ancora quelli che vengono chiamati studi di sfida umana, come quello visto di recente con "SARS-COV-2". Tuttavia, questi studi non riflettono in alcun modo la realtà e utilizzano una sostanza appiccicosa fabbricata in coltura cellulare che viene inoculata nel naso di volontari a cui viene poi detto di indossare delle pinzette per il naso per essere "infettati". Non c'è nulla di naturale in queste sperimentazioni umane e nella disumana sperimentazione animale. In questi studi non vengono utilizzate particelle "virus" purificate /isolate. Non esistono vie naturali di infezione. Non ci sono prove di patogenicità.

Mettere insieme il puzzle

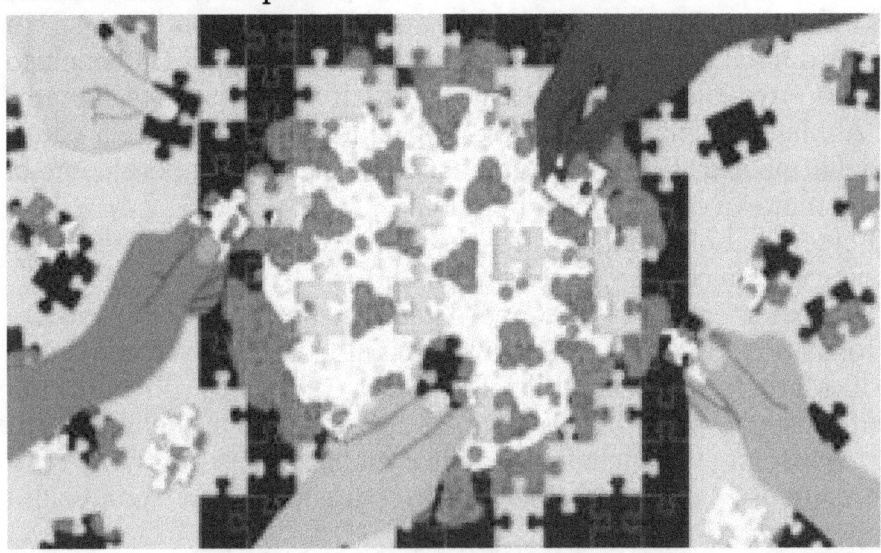

Si spera che ora sia chiaro che la virologia non segue il metodo scientifico. Non ha una variabile indipendente valida (cioè particelle purificate/isolate direttamente dai fluidi umani) per la quale stabilire causa ed effetto attraverso la sperimentazione. Senza questo, non esiste alcuna prova diretta che un "virus" sia mai stato all'interno di un essere umano.

Senza questo, non può esserci soddisfazione dei Postulati di Koch, i criteri logici necessari per dimostrare che un microbo causa una malattia. Tutta la virologia ha prove indirette imperfette che non reggono all'esame accurato.

Per utilizzare queste informazioni e comprendere i documenti presentati su questo sito, desidero illustrarvi brevemente come utilizzare correttamente i collegamenti. Sotto ogni documento condiviso negli articoli che pubblico, di solito c'è un collegamento al documento. Se il documento è protetto da pagamento, alla fine del documento verrà elencato un numero DOI.

Nei miei articoli sarà simile a questo:

students in the winter of 1962. **This virus is antigenically unrelated to all known human myxoviruses.**

https://doi.org/10.3181%2F0037972 7-121-30734

In uno studio, normalmente apparirà qualcosa del genere:

Una volta ottenuto il numero DOI, vai su sci-hub.st e incollalo nella barra di ricerca. Questo ti darà la possibilità di leggere o scaricare il documento:

La sezione più importante di qualsiasi articolo di virologia è la sezione "Metodi".
Puoi onestamente saltare l'intero studio se lo desideri e leggere semplicemente i metodi.

Se vedete che il "virus" è stato coltivato, ora sapete benissimo che non hanno mai purificato né isolato alcuna particella direttamente dal campione umano.

I virologi non hanno fatto altro che creare una zuppa tossica e hanno ipotizzato che un "virus" fosse presente indirettamente attraverso il CPE:

Methods

Data reporting

No statistical methods were used to predetermine sample size. The experiments were not randomized and the investigators were not blinded to allocation during experiments and outcome assessment.

Sample collection

Human samples, including oral swabs, anal swabs, blood and BALF samples were collected by Jinyintan hospital (Wuhan, China) with the consent of all patients and approved by the ethics committee of the designated hospital for emerging infectious diseases. Patients were sampled without gender

Virus isolation, cell infection, electron microscopy and neutralization assay

The following cell lines were used for virus isolation in this study: Vero E6 and Huh7 cells, which were cultured in DMEM containing 10% FBS. All cell lines were tested and free of mycoplasma contamination, submitted for species identification and authenticated by morphological evaluation by microscopy. None of the cell lines was on the list of commonly misidentified cell lines (by ICLAC).

Cultured cell monolayers were maintained in their respective medium. The PCR-positive BALF sample from ICU-06 patient was spun at 8,000g for 15 min, filtered and diluted 1:2 with DMEM supplemented with 16 µg ml^{-1}

Benvenuti in Virologia
(NdR: che di logica non ne ha...)!

Questo sito vuole essere una guida attraverso il mondo pseudoscientifico della virologia. La mia intenzione è quella di condividere informazioni direttamente dai propri studi e fonti. Ovviamente ho la mia opinione sulle informazioni e fornirò sempre la mia suddivisione e commenti.

Tuttavia, non voglio che nessuno prenda la mia parola semplicemente come la verità del Vangelo. Condivido le fonti in modo che chiunque possa leggere e verificare queste informazioni da solo. Puoi determinare se la mia analisi è corretta o meno oppure ignorarla del tutto e fare un'analisi tua. Al giorno d'oggi, non possiamo semplicemente presumere che ciò che ci viene detto e insegnato sia corretto.

Dobbiamo tutti essere esperti di noi stessi e mostrare pensiero critico, logica e discernimento. Sono convinto che chiunque guardi alla virologia utilizzando queste stesse competenze vedrà ciò che io e gli altri abbiamo visto da molto tempo ormai.

La virologia è un'illusione. Un inganno deliberato. Un trucco. Non è scienza. È la pseudoscienza nella sua forma peggiore.

Benvenuti nel mondo della virologia, che non è assolutamente logica, mentre scopri le dure verità sulle storie ingannevoli e orribili che ci sono state indottrinate fin dalla nascita.

Cosa sono i Virus ?
La Virologia ufficiale è FALSA

(articolo tratto dal sito pattoverascienza.com
rivisto e corretto)

di Jean Paul Vanoli

DEFINIZIONE della parola "VIRUS" e "cosa sono?"

Prima di addentrarci nella disamina sulla parola "Virus", vorrei richiamare l'attenzione dei lettori, sull'importanza fondamentale del linguaggio che dobbiamo usare in questo preciso momento storico.

Siamo all'apice di una catena di truffe semantiche (ovvero perpetrate attraverso il linguaggio) che hanno lo scopo di impiantare nelle menti concetti deviati rispetto al significato etimologico dei termini. È il culto della neolingua, funzionale alla manipolazione della realtà.

In certi casi il sistema criminale ha anche inventato di sana pianta, cioè appositamente, dei termini (parole) per poter spaventare la popolazione mondiale che è profondamente ignorante.

Lo scopo è corrompere il potere della connessione Pensiero-Parola-Azione.

Una delle parole più usate e propagandate da più di un secolo è la parola *"virus"* (che è una sostanza sintetica – GM Geneticamente Modificata – tossica, prodotta solo in laboratorio) raccontando una grande BUGIA.

Pubblicizzata alla Radio, TV, mass media, riviste dette scientifiche, dicendo che essi "virus" esisterebbero in Natura (falso) e sarebbero responsabili di quasi tutte le malattie (ammalamenti), altro falso scientifico e di cui qui ve ne daremo la dimostrazione scientifica.

Ecco altre parole sulle quali vi invito a riflettere: sono "moneta digitale" ed "intelligenza artificiale".

La moneta digitale NON sono soldi (carta moneta o monete metalliche).

Essi sono solo moneta virtuale, presente solo nei computer, quindi moneta scritturale !

Quando usano i termini in modo così inappropriato e contraddittorio nel significato originario, si tratta di una truffa semantica, ovvero una frode che vuole usare una accezione collettiva percepita in positivo, per fare accettare un processo antitetico, opposto.

La digitalizzazione dell'unità di scambio (che è solo virtuale) NON consente la funzione originaria della moneta che si scambia a mano, ma il suo contrario, cioè l'inesistenza della moneta vera e propria. La moneta digitale, virtuale, la annulla, la cancella dalla società. Creando di fatto una catastrofe di proporzioni epocali, perché il valore che si fornisce a quelle cifre numeri in un computer, sarà comunque in mano solo a coloro che gestiscono la finanza, cioè ai padroni del mondo....

La cosiddetta "Intelligenza Artificiale" (AI) non è intelligenza.

Sono due concetti incompatibili, la funzione artificiale di cui parlano loro non ha NULLA a che fare con l'intelligenza umana, trattasi solo di elaborazione computerizzata di dati forniti dal suo costruttore e/o determinate da algoritmi che impediscono l'elaborazione di certe informazioni precluse da questi ultimi cosiccome la creatività vera e propria.

Quindi anche qui l'uso del termine è ingannatorio, perché ad una accezione positiva, si associa una funzione distruttiva.

In realtà **i cosiddetti** (chiamati impropriamente) **"virus"**, quelli naturali, sono vescicole, esosomi, come noi naturopati li chiamiamo, ed invece quelli derivanti dalla morte cellulare li chiamiamo: esosasx=esobasar).

Definizione delle parole:

Dal greco = Eso**soma** (corpo intero).
Dal greco = Eso**sarx** (carne di tessuto molle-sarcofago)
Dall'ebraico = Eso**bāśār** (indica carne e corpo)
Dal Latino, **Virus** = **Veleno**
La parola "virus" è quella che usa la medicina ufficiale allopatica per confondere le idee e propagare la paura con sostanze inesistenti in natura, mentre gli esosomi e loro funzioni li ignora volutamente.

Questo nome, "virus", è stato dato per ignoranza di cosa ci si trova di fronte, oppure, come appare ormai evidente, in malafede, per spaventare medici, biologi e popolazione IGNORANTE facendogli credere che i cosiddetti "virus" in natura/naturali, esisterebbero e sarebbero molto pericolosi.

I cosiddetti **virus NON esistono in natura**, perché vengono scambiati in malafede con gli Esosomi; infatti il loro nome scientifico in realtà è: **vescicole e/o esosomi/esozomi**, e sono i nostri "angeli custodi" della salute, come i batteri autoctoni, oltre a quelli naturali derivanti dalla disgregazione cellulare che sono invece nominati: **esosarx/esobasar**.

Quindi anche i cosiddetti (e falsamente chiamati) "virus naturali" sono in realtà chiamati dai naturopati *"esobasar /esosarx"*, e sono derivanti dalla disgregazione cellulare e quindi sono degli *esosomi*, NON sono MAI, anch'essi, MAI e poi MAI tossici o Pericolosi, perché in Natura NON esistono MAI "virus" pericolosi, ma soltanto materiale genetico INERTE.

Gli *esosarx/esobasar* si producono quando la cellula va in apoptosi, morte cellulare, alla disgregazione dei mitocondri e del nucleo della cellula che contiene Dna/Rna.

Quindi nel disfacimento cellulare questi frammenti inerti vengono rilasciati nei liquidi extracellulari assieme agli *esosomi* (proteine-molecole a Dna/Rna) che la cellula prepa-rava e conteneva al momento della sua disgregazione.

I veri e subdoli "virus pericolosi" sarebbero quell'insieme di **materiale Genetico**, *che hanno inventato e* **creato, da** *sempre in laboratorio* per essere utilizzati come armi biologiche.

I militari, soprattutto degli USA e del Pentagono, hanno dato le licenze alle Big Pharma per produrre e brevettare queste "*armi di distruzione di massa*" *che hanno chiamato "Vaccini*", e stiamo parlando di qualsiasi tipo di Vaccino, dai pediatrici a quelli recenti ad mRna usati per la FALSA pandemia del 2020, una semplice *influenza stagionale* alla quale hanno anche in questo caso cambiato nome (come per qualsiasi precedente epidemia o "pandemia": aviaria, sars, maiala H1N1) per spaventare medici e popolazione IGNORANTE del pianeta, chiamandole "*Covid-19*" o "*Sars-cov2*", "*Suina*", "*Aviaria*", ecc.

Tutti virus inesistenti in Natura, ma creati appositamente in laboratorio per fare i brevetti sui Vaccini (qualsiasi tipo di vaccino).

Definizione di Esosoma/Esozoma:

"*Complesso multiproteico presente nelle cellule, che al termine del processo di trascrizione ha il compito di eliminare gli mRNA utilizzati, ottenendone nucleotidi da riciclare per formare nuovo mRNA*".

Gli esosomi sono quindi creati e specializzati, come abbiamo da sempre affermato, dalle cellule del corpo e contengono materiale genetico utile per attivare o modificare le funzioni delle cellule in stress ossidativo del corpo; una volta creati essi vengono espulsi dalla membrana cellulare ed immessi nei liquidi extracellulari, sangue e linfa... per metterli a disposizione delle cellule e modificare il loro mRna, così che cambino funzione e/o per le cellule malate in stress ossidativo, per resettare e riordinare il loro mRna prima che vadano in apoptosi e muoiano liberando il contenuto delle cellula nei liquidi extracellulari.

Gli esosomi sono particelle che contengono materiale genetico DNA/RNA che le cellule creano specializzandole a seconda nelle necessità richieste dal sistema immunitario, ed ogni giorno esse ne creano a trilioni per modificare le cellule sane a compiere altre funzioni e resettare o tentare di risanare le cellule malate (in stress ossidativo) che lo richiedono, attirandoli con la risonanza per entrare in contatto.

Alla morte cellulare, avviene la disgregazione totale del suo contenuto formando i mitocondri. Essi sono composti da materiale genetico indifferenziato ed inerte che si spezzetta in moltissime parti e viene poi immesso nel flusso sanguigno avviluppato dai lipidi che si trovano in esso per isolarlo e prepararlo ad essere eliminato dalle vie emuntorie assieme agli esosomi ancora presenti nella cellula disgregata. Tutto questo è il materiale genetico che la medicina ufficiale può prelevare con tamponi o analisi del sangue, materiale genetico INDIFFERENZIATO ed INERTE che dai biologi/ricercatori viene poi immesso in apparecchiature elettroniche dette PCR (inventore: il dr. Mullis), apparecchiature che NON identificano con certezza nessun tipo di materiale genetico (non sono apparecchiature per fare diagnosi, ma solo per capire se si tratta con precisione di materiale genetico oppure no), ma che la malafede o l'ignoranza dei ricercatori, biologi e medici interpreta sbagliando, indicando un ipotetico virus tipo xxxxx...... che nei fatti è inesistente.

Dall'amplificazione della PCR del materiale prelevato dal soggetto malato o meno, si può trovare qualsiasi tipo di "virus naturale" che si vuole individuare...., perché quel materiale genetico è parte, pur spezzato in migliaia di sue parti, di DNA/RNA che creiamo noi con le nostre cellule.

Quindi di esosomi o "virus naturali" ne abbiamo di tutti e di qualsiasi tipo.

Altro poi, è dimostrare che quel presunto *virus* sia l'agente patogeno di una qualsiasi malattia, cosa e fatto MAI dimostrato.

Per cui possiamo affermare che nessun virus è stato MAI isolato con un vera tecnica Gold standard e con meccanismi di controllo mentre si cerca di isolare quell'ipotetico virus.

Si ricorda che la parola "isolare" NON significa "mescolare"....
Infatti per presuntuosamente considerare isolato un "virus", il materiale genetico prelevato da un qualsiasi soggetto viene dai virologi, biologi o medici subito mescolato in una coltura preventivamente additivata con antibiotici che vi rimangono in essa, distruggendo ovviamente i batteri presenti e quindi, con la morte dei batteri presenti nella coltura cellulare, si generano la morte e disgregazione delle loro cellule, quindi altri cosiddetti *virus* che si mescolano con il materiale genetico prelevato dal malato. Per cui, *altro che isolamento, trattasi di insalata russa.....* <u>Sicché, nessun presunto virus è assolutamente MAI stato isolato, quella tecnica utilizzata è assolutamente FALSA come tutta la virologia !</u>

Quindi, per riassumere:
I "virus naturali" come li chiamiamo noi sono: gli esosomi, che sono i nostri angeli custodi e servono per mantenerci in salute, e gli esosarx/esobasar, che derivano dalla disgregazione delle cellule morte, che possono essere definiti *detriti genetici INERTI*, derivanti dalla morte cellulare e quindi dal disgregamento cellulare dei mitocondri.

Fra parentesi:
Con una particolare Tecnica di Studio che trovate in questo sito, potrete avere maggiori particolari sulla parola *virus*.
Questa parola contiene due radici fonetiche: VIR ed IRU, che anagrammate danno RIV ed URI.
La radice fonetica RIV è la matrice della parola italiana RIVELARE, cioè apprendere informazioni, la radice URI è quella che ha generato anche la parola "ORO" che in antico linguaggio significa "luce", intesa come informazione; quindi la parola *virus* significa *"portatore di informazioni utili"*, soprattutto quando si tratta dei cosiddetti (falsamente chiamati) *virus naturali*, che sono in realtà solo ed unicamente

esosomi endogeni e vitali".

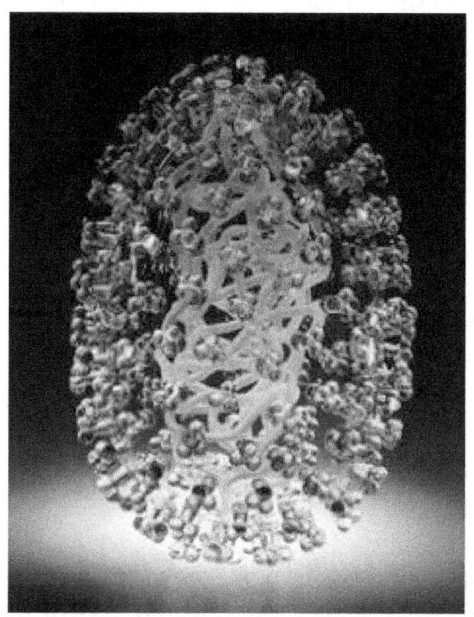

(Figura della ricostruzione al computer di un cosiddetto e falsamente chiamato "virus", come tutte le foto esistenti dei cosiddetti e chiamati falsamente "virus" - ovvero gli esosomi che, al contrario, sono fotografabili solo al microscopio elettronico e di cui si vede solo la parte esterna. Essi sono "scambiati" in buona o mala fede, dai medici di Big Pharma, per cosiddetti "virus" pericolosi)

DEFINIZIONI di Cosa sono (o sarebbero) i **Virus**

Virus = (in sintesi):
File o sezione di un file, (materiale genetico – DNA/RNA), contenente un "mini programma" scatenante una reazione-azione benefica nel "programma di sistema" per la "sopravvivenza sana", nel quale verrà inserito.

(Batteri e vescicole od esosomi, così come altre strutture o

sostanze prodotte dalle cellule, sono indispensabili al manteni-
mento della vita sana, o per il recupero e riparazione dei tessuti
danneggiati dall'ammalamento del Terreno, per le variazioni di
pH, rH2, rò.
I cosiddetti "virus" sono quindi scambiati con le vescicole od
esosomi !)

Virus "informatici":
Sono molto più complessi ed autosufficienti di quelli biologici,
ad esempio di quelli dei Vaccini, in quanto l'ingegneria
genetica vaccinale solo ora (nel 2019) è in grado di "scriverli"
come invece è già in grado di fare da tempo l'ingegneria
informatica.

Definizione di Virus Biologico, dal "Dizionario Medico del
Medlineplus" edizioni governative USA:

Virus: "any of a large group of submicroscopic "infective
agents" that are regarded either as "extremely simple
microorganisms" or as extremely complex molecules, that
typically contain a protein coat surrounding an RNA
or DNA core of genetic material but no semipermeable
membrane, that are capable of growth and multiplication
only in living cells, and that cause various important diseases
in humans, animals, or plants".

Questa la definizione della parola *Virus* (in biologia) per la
medicina allopatica ufficiale, ed è FALSA quando afferma che è
un molto semplice "microrganismo", essendo nei fatti un
involucro (capside) formato da sostanze proteiche (lipidi), cioè
un contenitore di materiale genetico = DNA, RNA, ecc.

Traduzione: "Ogni grande gruppo di agenti infettivi sub-
microscopici che sono "considerati" microrganismi *(NdR:*
ipotesi non provata) estremamente semplici o come molecole
estremamente complesse *(NdR fatto provato)* che tipicamente

contengono un "cappotto" (capsula esterna detta *Capside*) di proteine (lipidi=grassi) che racchiude al suo interno del materiale genetico: RNA e/o DNA (NdR: sono dei files simili ad un file informatico), ma nessuna membrana semi-permeabile, e sono solamente "capaci di crescere e moltiplicarsi" *(NdR così si dice nella medicina ufficiale, ed in questo articolo vi spiegheremo, perché NON è così)* in cellule viventi e ciò può (se eterologhi = estranei) provocare vari ed importanti sintomi ed ammalamenti (*Chiamati impropriamente "malattie", in esseri umani, animali o piante. Così si dice in medicina ufficiale allopatica, ma NON è così*).

Come ben riferisce la rivista *Science* la quale sottolinea che:
"La collocazione dei virus (nel senso retrivo della parola) *nell'albero della vita, è sempre stata alquanto incerta e controversa"*.... quindi indimostrata.
Secondo una teoria, i cosiddetti "virus" sarebbero antichi parassiti che avrebbero progressivamente perso quasi tutto il loro *armamentario biologico*, mentre altri biologi – vista l'assenza di funzioni metaboliche ed anche la totale dipendenza per la riproduzione dagli apparati delle cellule ospiti – li considerano GIUSTAMENTE, solo aggregati di proteine contenenti DNA/RNA",... per cui NON sono Microrganismi !
Ma gli esosomi, scambiati in malafede con i cosiddetti "virus", sono una delle categorie di sostanze (contenenti DNA/RNA) del "vivente" poco studiate e misconosciute per ora, anche se essi sono, assieme ai microzimi, ai somatidi ed ai batteri, le basi della vita sul pianeta Terra.
I "virus" estranei od endogeni, sono invero rappresentati in natura solamente dagli esosomi, in quanto assolutamente indistinguibili tra loro; i "virus" così chiamati dalla medicina imperante ufficiale, nei fatti sono solo dei corpi microvescicolari appunto chiamati esosomi/esozomi, ma che sono creati dalle cellule stesse, prima del loro rilascio sulla superficie esterna della membrana cellulare.
Ne creiamo "solo" trilioni ogni giorno e di qualsiasi tipo, nel

nostro corpo.

"Gli esosomi si formano all'interno del compartimento endosomiale come vescicole intraluminali all'interno di corpi microvescicolari, che alla fine si fondono con la membrana plasmatica", e che vengono poi rilasciati nei liquidi extracellulari e quindi nella circolazione sanguigna a disposizione delle cellule malate in stress ossidativo.

Questi *esosomi* sono quindi scambiati in buona fede o malafede per cosiddetti *"virus tossici"* dalla medicina di Big Pharma, perché non sanno cosa sono veramente i "virus" non avendoli MAI isolati secondo i criteri *gold standard* scientifici, e che MAI sono infettivi, in quanto creati dalle cellule stesse per il fabbisogno di quelle in stress ossidativo/malate che alla morte o disgregazione divengono scarti di DNA/RNA (materiale genetico INDIFFERENZIATO proveniente dai mitocondri e nuclei cellulari, quindi scarti) che debbono essere eliminati dalle vie emuntorie. Questi scarti genetici vengono (dai medici impreparati della medicina allopatica ufficiale di Big Pharma) considerati purtroppo per *"virus tossici o pericolosi"*. Essi prelevano quel materiale genetico indifferenziato con Tamponi o prelievi del sangue e lo introducono nelle PCR, che sono ben note essere macchinari fasulli ed inutili, per distinguere o definire/qualificare quali supposti "virus" vengano prelevati dal materiale biologico indifferenziato del soggetto.

Ma la cosa più grave è che quei medici allopati impreparati, danno poi la "colpa" a quel materiale di scarto genetico indifferenziato, inventando dei "nomi" e dei quali asseriscono poi essere *infettivi* e quindi *tossici o pericolosi, senza aver MAI dimostrato che quel prodotto genetico indifferenziato di scarto che hanno prelevato, sia la vera causa dell'ammalamento del soggetto del prelievo.* Perché nei fatti invece, è la CONSEGUENZA dell'ammalamento del *terreno,* ovvero i liquidi ed i tessuti/cellule del malato quali matrici della loro intossicazione lenta e progressiva che genera sempre infiammazione acuta o cronica, madre di ogni male.

Microzimi**: Scoperti e chiamati così dal dott. Bechamp, il quale sosteneva giustamente la *teoria pleomorfica*, cioè che essenzialmente i batteri cambiano forma a seconda del terreno ove si trovano e non sono MAI la causa, ma piuttosto il risultato, della patologia/ammalamento, provenendo da tessuti piuttosto che da un germe di forma costante.

Questa è stata anche chiamata la *teoria della patologia cellulare*, in quanto si ritiene che i batteri-spazzini provengano da ciò che egli chiamava "microzimi", che egli scoprì.

"Micro" con riferimento alle dimensioni e "zimi" con riferimento a una classe speciale di enzimi immortali. Egli postulò che questi microzimi fossero normalmente presenti nella materia (compresi i tessuti) e che avessero la capacità di dare la vita o la morte, a seconda del terreno cellulare.

La Medicina Naturale insiste su questa ultima definizione, su cosa sono i cosiddetti e falsamente chiamati *virus*, che in realtà sono *esosomi autologhi*
"sono capsidi, aggregati di proteine a DNA" (il capside, cioè il contenitore composto da lipidi, cioè grassi), "esosomi" che hanno vari nomi o termini tecnici:

- Vescicole extracellulari. "Le vescicole extracellulari sono particelle derivate da cellule con una membrana di due strati che rilasciano molecole e, come si è potuto dimostrare, svolgono un ruolo fondamentale nella comunicazione intracellulare".
- Proteina ARC, nel video qui sotto sono spiegate le varie funzioni di questa proteina.

Questi vari nomi indicano delle sostanze create dalle cellule per informare le altre cellule del corpo (che la medicina ufficiale, impreparata e per ora incapace di capire i meccanismi della vita, non ha studiato, ma prima o poi vi arriverà...).

Gli esosomi quindi, sono prodotti dalle cellule stesse, per distribuire il DNA/RNA alle altre cellule una volta specializzati dalla cellula stessa.

tps://www.sciencedirect.com/science/article/abs/pii/S135727
2512002853

*"Gli esosomi sono piccole vescicole di membrana di origine
endosomiale, che vengono secrete da una varietà di tipi di
cellule.*

*Durante gli anni '80 gli esosomi sono stati descritti per la
prima volta come organelli per rimuovere i detriti cellulari e
le molecole indesiderate. La scoperta che gli esosomi
contengono proteine, messaggeri e microRNA suggerisce un
ruolo come mediatori nella comunicazione tra cellule.*

*Gli esosomi possono essere trasportati tra diverse cellule e
influenzare i percorsi fisiologici nelle cellule riceventi.*

*Nella presente rassegna, riassumeremo la funzione biologica
degli esosomi e il loro coinvolgimento nei processi fisiologici e
patologici. Inoltre, verrà discussa la potenziale applicazione
clinica degli esosomi come biomarcatori e strumenti
terapeutici".*

I *Virus,* se esistessero in natura, sarebbero indistinguibili dagli
esosomi perché sono la stessa cosa!
La virologia è tutta da rifare, totalmente !

La virologia è una truffa completa ed ha molte radici diverse.

Una delle BUGIE principali è che una persona malata può far
ammalare una persona sana.
In più di 120 anni, questo non è MAI stato dimostrato.
Scopri "Virology The Damning Evidence" con 42 studi di
trasmissione falliti.
https://x.com/dpl003/status/1704559309248430116?s=20

QUINDI: hanno mentito su tutto fin dall'inizio.

https://ilficcanasonews.info/pfizer-siero-creato-su-pseudo-
virus/

Contenuto del video:

Il dottor Michael Yeadon, farmacologo britannico ed ex vicepresidente della Pfizer, ha affermato che: "I VIRUS RESPIRATORI NON ESISTONO". "I responsabili, Io li chiamo delinquenti, le persone che gestiscono questo crimine globale, un crimine globale per controllare tutta l'umanità, hanno fatto finta che ci fosse una nuova grave emergenza sanitaria, un nuovo virus respiratorio. Cioè questo virus a Wuhan.
Secondo me, non c'è mai stata una nuova emergenza sanitaria. La bellezza del loro piano è che qui non si può sbagliare. Perché non ci sono variabili, l'unica variabile che devi manipolare è la PCR. Ora, alcuni credono che ci sia un nuovo virus, ma se è così, non è più grave della solita influenza, perché l'influenza è scomparsa dalla statistica nello stesso momento, per 'pura coincidenza'. In realtà, sono arrivato alla conclusione, e qui voglio dare il credito a Andrew Kaufman, Tom Cowan e ai suoi colleghi. Ho fatto una conversazione con loro all'inizio del 2020 e da quel momento, questo argomento non mi lasciava in pace. Col tempo mi sono reso conto che non riuscivo più a mantenere la mia percezione dei virus respiratori, così, come pensavo di conoscerli e poi di recente, ho scoperto una nuova informazione, che ha fatto crollare la possibilità che i virus respiratori esistono così, come sono descritti. Si, è vero che le persone si ammalano, ma in realtà hanno esattamente le stesse malattie. Sono esattamente le stesse malattie di prima, che l'orribile Yeadon dicesse che i virus non esistono. Hanno gli stessi raffreddori e l'influenza. Penso che non sappiamo cosa li causi, ma i virus respiratori non sono la causa."

Ecco un altro video di un vero ricercatore, medico, che dimostra la FALSITÀ della Virologia e della teoria dei cosiddetti "virus infettivi e pericolosi". (quello che segue, in corsivo, è la trascrizione integrale del video menzionato in cui c'è il Dr. Cowan che spiega nei dettagli cosa sarebbero i virus e la virologia)

Virology with Dr.Thomas Cowan

"Mi avete già sentito parlare di queste cose in altri posti, non penso sia il caso di riparlarne, ad ogni modo, per fare una ricapitolazione in breve, giacché non voglio parlarne di nuovo, ho ricercato su come sappiamo che c'è un virus e come dimostriamo che sia questo a causare la malattia. I tre pilastri della virologia moderna, sono il cosiddetto isolamento del virus dalle colture cellulari, le foto al microscopio elettronico del presunto virus e poi il sequenziamento del genoma. Queste tre cose, quando studiate, risultano illogiche, irrazionali e antiscientifiche.

Dunque ho parlato di come faccio ad affermarlo. Abbiamo le prove che nessuna di queste tre condizioni della cosiddetta virologia moderna, o le prove che loro usano...

sono state smontate, in particolare dai nuovi esperimenti di Stefan Lanka, che è tornato indietro fino al 1954. Questo significa che non c'è alcun SarS-Cov2. Non esiste alcun virus creato in laboratorio e nessuna variante. Non esiste quindi neanche immunità indotta da vaccino per un virus che non è stato dimostrato esistere. Non c'è neanche alcuna immunità naturale ad un virus che non è stato dimostrato esistere. Non esiste il Pathogenic Priming (PP), né il fenomeno dell'Antibody Dependent Enhancement (ADE).

Non c'è bisogno di maschere o di distanziamento sociale.

Non esiste un virus che causa il cancro come l'SV-40, né esiste un virus chiamato HIV, o virus che dia fatica cronica o che causi una di queste due malattie. Non c'è motivo di inoculare alle persone tossine o terapie geniche, anche detti vaccini. E, infine, non c'è bisogno dei virologi. Quindi non c'è bisogno di riparlarne."

Dr. Tom Cowan – Tucson, Arizona, 12 marzo 2020

"Mi restano 10 minuti, non ero sicuro di arrivare a questo punto. Ma vorrei dire qualcosa a proposito di questo Coronavirus se me lo permettete. Di nuovo, se conoscete Rudolf Steiner, avete la risposta al test. Ma c'è bisogno di calcolare i dettagli. Nel 1918, dopo l'enorme pandemia dell'influenza spagnola, hanno chiesto a Steiner a cosa fosse dovuta. E lui rispose: 'I virus sono semplicemente le escrezioni di una cellula avvelenata. I virus sono delle parti di DNA o RNA, o di qualche altra proteina, che vengono espulsi dalla cellula. Si formano quando la cellula è avvelenata. Non sono la causa di niente. Ed il primo modo che ho di incoraggiarvi a riflettere su ciò, è quello di immaginare di essere degli specialisti di delfini, ok? Avete studiato i delfini al circolo polare da centinaia di anni, o almeno per un periodo molto lungo e i delfini stanno bene.

Poi, improvvisamente vi chiamano: 'Fred, quasi tutti i delfini stanno morendo nel circolo artico. Puoi venire ad indagare?' E potete porre solo una domanda. Alzate la mano. Quanti di voi risponderebbero: 'Voglio studiare i delfini per vedere il loro genoma'? Nessuno, perché è una cosa stupida. Quanti fra di voi direbbero: 'Voglio verificare se questo o quell'altro delfino ha un virus contagioso e che viene trasmesso agli altri delfini, facendoli ammalare'?

Quanti di voi direbbero: 'Non è che hanno messo qualche schifezza nell'acqua?'? Come la superpetroliera Exxon Valdez! Si? Tutti quanti! Perché è ciò che succede. Le cellule si ritrovano avvelenate e cercano di pulirsi eliminando i detriti, che chiamiamo virus. Se date un'occhiata alle teorie correnti sui virus che sono chiamate esosoma, l'ultima conferenza di NIH (Dipartimento della salute degli U.S.A.) che parla della complessità dei virus.

Vedrete che corrisponde esattamente alle teorie correnti su cosa sono realmente i virus. Ho un esempio drammatico di ciò, quando stavo crescendo, all'esterno della casa sulla destra, c'erano degli acquitrini. Erano pieni di rane, che mi svegliavano di notte. Allora battevo sui vetri. In primavera, facevano un rumore terribile. E col tempo tutte le rane sono sparite. Quanti di voi pensano che le rane avessero una malattia genetica? Quanti pensano che le rane avessero un virus? Quanti pensano che qualcuno ha messo del DDT nell'acqua? Questo è quello che è successo.

Le malattie sono un avvelenamento. Questo è il motivo per cui i vaccini... Apro una parentesi. Dunque cosa successe nel 1918? Ogni pandemia negli ultimi 50 anni corrisponde ad un salto di quantità nell'elettrificazione della Terra. Nel 1918, alla fine dell'autunno del 1917, c'è stata l'introduzione delle onde radio intorno al mondo. Quando esponete un qualsiasi essere vivente ad un nuovo campo elettro-magnetico, lo avvelenate, qualcuno ne viene ucciso e gli altri entrano in una specie di ibernazione, ed è interessante, questi vivo un po' di più e più malati. E con la seconda guerra mondiale è iniziata una nuova pandemia, con l'introduzione dei radar su tutta la Terra. Ricoprendo la Terra di campi elettromagnetici emessi dai radar. Era la prima volta che gli esseri umani subivano questo tipo di esposizione. Nel 1968 c'è stata l'influenza di Hong-Kong, è stata la prima volta che la fascia protettrice della cintura di Van Allen il cui ruolo principalmente è d'incorporare i raggi cosmici provenienti dal sole, dalla luna, da Giove, ecc. D'incorporare tutto ciò e di distribuirli a tutti gli esseri viventi terrestri. E dei satelliti che emettono frequenze radioattive sono stati posti nella fascia di Van Allen. In sei mesi c'è stata una nuova epidemia virale. Perché virale?

Perché la gente è stata avvelenata, espellono delle tossine che assomigliano a dei virus. La gente pensa che sia un'epidemia di influenza. Nel 1918, il ministero della sanità di Boston ha deciso di analizzare la caratteristica contagiosa di un'epidemia. Che lo crediate o no, hanno preso centinaia di persone che avevano l'influenza, hanno prelevato ciò che avevano nel naso e poi l'hanno iniettato a dei soggetti sani che non avevano l'influenza. E neanche una volta sono riusciti a far ammalare qualcuno. L'hanno ripetuto più e più volte, e non sono riusciti a dimostrare il contagio. L'hanno pure fatto con dei cavalli che sembrava avessero preso l'influenza spagnola. Gli hanno messo dei sacchi sulle teste, e il cavallo starnutiva dentro il sacco. Poi infilavano il sacco al cavallo seguente, ma nessun cavallo si è ammalato. Potete leggere tutto ciò in un libro che si chiama "l'arcobaleno invisibile" di Arthur Furstenberg. Ha tenuto una cronaca di tutti gli stadi dell'elettrificazione della Terra. E come, in sei mesi si era creata una nuova pandemia d'influenza nel mondo intero. E non ci sono altre spiegazioni. Come ha potuto propagarsi dal Kansas al Sud Africa in due settimane? In maniera tale che il mondo intero manifesti i sintomi allo stesso momento? Nonostante i mezzi di trasporto fossero il cavallo e la nave? Non ci sono spiegazioni: 'Non sappiamo come ciò avvenga', hanno detto. Ma quando riflettete sul fatto che tutte queste onde radio ed altre frequenze, che certi tra di voi hanno in tasca o tra le mani, vi permettono di inviare un segnale in Giappone ed arriva all'istante... Quindi, anche se non credete che esiste un campo elettromagnetico che comunica a livello mondiale, in qualche secondo arriva.

Semplicemente non ci prestate attenzione. E finirò aggiungendo che c'è stato un salto di qualità drammatico durante gli ultimi sei mesi per quel che riguarda l'elettrificazione della Terra. (NdR Ricordiamo che stava parlando il giorno 12 marzo 2020) Sono certo che molti di voi sanno di cosa si tratta. Si chiama 5G. Ed ora ci saranno 20.000 satelliti che emettono radiazioni. Proprio come le radiazioni emesse nella vostra tasca o nella vostra mano e che usate continuamente. Tutto questo non è compatibile con la salute! Mi dispiace doverlo dire: non è compatibile con la salute. È un dispositivo che destruttura l'acqua. E se alcuni di voi fanno questa considerazione: 'Non siamo degli esseri elettrici! Siamo soltanto maniera fisica.'. Allora non disturbatevi a farvi un elettrocardiogramma o meglio un elettroencefalogramma o un'elettroneurografia. Perché siamo creature elettriche e i prodotti chimici sono soltanto i detriti di questi impulsi elettrici. E finisco con un indovinello: 'Dove si trova la prima città al mondo interamente coperta dal 5G?'. Whuan, esatto. Quindi, quando cominciamo a pensarci: 'Siamo in una crisi esistenziale qua, gente'. Di un'ampiezza che gli esseri umani non hanno mai visto. E non gioco a fare il profeta del Vecchio Testamento. Ma è qualcosa che non ha precedenti. La messa in orbita di centinaia di migliaia di satelliti nella fascia protettrice della Terra. In effetti, come stavo per dire prima, ciò ha a che vedere con la questione dei vaccini. Perché un anno fa, ho avuto un paziente che era in piena forma, che faceva surf. Era elettricista, installava dei sistemi Wi-Fi per delle persone molto ricche.

Gli elettricisti hanno un tasso di mortalità molto elevato.

Ma lui stava bene. E poi si ruppe un braccio, e gli hanno messo una placca metallica nel braccio. Tre mesi più tardi non poteva più uscire dal letto. Aveva un'aritmia cardiaca.

Fu il crollo totale. La sensibilità dipende dalla quantità di metallo che avete nel corpo, come anche la qualità dell'acqua nelle vostre cellule. Quindi, quando s'inizia ad iniettare dell'alluminio nel corpo delle persone, diventano dei ricettori per assorbire maggiormente dei campi elettromagnetici. E questa è una tempesta perfetta per il tipo di danni di cui sta facendo esperienza tutta la nostra specie, adesso. E finirò con una cosa ancora. Una citazione di Rudolf Steiner che data 1917. Quindi un'epoca diversa.

Ai tempi in cui non c'era ancora la corrente elettrica, quando l'aria non brulicava di influenze elettriche, era più facile essere umani. Per questo motivo, al fine di essere interamente umano oggi, è necessario sviluppare delle capacità spirituali più forti di quanto ce ne fosse bisogno un secolo fa. Quindi vi lascio con questo: fate di tutto per sviluppare le vostre capacità spirituali, perché è veramente difficile essere un essere umano ai nostri giorni.".

Quei virus/esosomi che provengono dalla decomposizione, cioè dalla disgregazione dei mitocondri contenuti nelle cellule quando vanno in apoptosi (morte cellulare) sono contenute nei corpi di: umani, animali, vegetali, microbi.

Queste sostanze ormai degradate, debbono essere eliminate dall'organismo per mezzo del sistema linfatico, a mezzo di "ammalamenti" più o meno intensi, se vi riesce, altrimenti vengono immagazzinate nei grassi dei tessuti, andando facilmente ad accumularsi nel tempo ed assieme alle altre tossine, accelerando l'invecchiamento ed aggravando i sintomi creati dai disordini comportamentali derivanti da stress cronici (Paure e Conflitti), aria malsana quindi intossicata, alimenti con cibi e liquidi non adatti al proprio metabolismo od inquinati, Vaccini, farmaci utilizzati da parte dell'individuo.

La *Johns Hopkins University* ha pubblicato un suo documento nel quale conferma che:

"Il cosiddetto virus /esosoma, NON è MAI un organismo vivente, ma una molecola proteica (DNA) coperta da uno strato protettivo di proteine lipidi (grassi).

Quindi è un insieme di proteine, che NON debbono Mai entrare in contatto con l'ossigeno dell'aria, altrimenti si disintegrano dopo il processo naturale di ossidazione e ciò avviene in qualche secondo, quindi NON esiste MAI nessun virus nell'aria....

Poiché il virus/esosoma non è un organismo vivente ma una molecola proteica, non viene MAI ucciso, ma decade da solo, cioè si disgrega e scompare. Il tempo di disintegrazione dipende dalla temperatura, dall'umidità e dal tipo di materiale/terreno in cui si trova.

Il virus/esosoma è molto fragile; l'unica cosa che lo protegge è un sottile strato esterno di grasso".

Tutte le proteine a contatto con l'ossigeno dell'aria si OSSIDANO, cristallizzano e precipitano a terra, quindi NON ESISTONO virus/esosomi nell'aria !!!

Infatti le ricerche effettuate sull'aria anche in locali (ospedale di Milano ove lavora il dott. Bassetti che lo ha dichiarato a chiare lettere......) ove erano ricoverati malati del cosiddetto Covid-19 NON ne hanno trovati neppure uno, in essa !

Senza contare che tutte le proteine, quindi anche gli esosomi/virus a contatto con i raggi solari, specie gli UV, si decompongono totalmente.

Vedi questo altro VIDEO che dimostra come la attuale "virologia" universitaria è FALSA ! https://rumble.com/vigznx-lo-smascheramento-finale-della-virologia.html (segue trascrizione completa del video)

LO SMASCHERAMENTO UFFICIALE DELLA VIROLOGIA

di Ekaterina Sugak

Ciao Amici!
Oggi parleremo di un evento storico molto importante.
Grazie al mocrobiologo Stefan Lanka, il 21 aprile 2021 abbiamo avuto una prova inconfutabile che la virologia non si basa sui metodi scientifici. Ora, vi spiego tutto e fornirò un contesto importante per aiutarvi a capire l'argomento.

Se foste un virologo od un team di virologi e voleste dimostrare l'esistenza di un virus e la sua relazione causale con una malattia, dovreste fare 3 cose molto semplici:

Come dimostrare l'esistenza e la patogenicità di un virus:

1. *ISOLARE, in altre parole, estrarre il virus da un malato e purificarlo, in modo da avere un isolato costituito solo da particelle virali pure e nient'altro.*
2. *Visualizzare questo virus al microscopio, fotografarlo, sequenziare il suo genoma e determinare di quali proteine è composto.*
3. *Trasferire il virus purificato in un ospite sperimentale e causare la malattia.*

Se seguiste questi passaggi con successo, e solo in questo caso, potreste affermare che il virus esiste e causa la malattia.

Questo è ciò che i virologi cinesi avrebbero dovuto fare con i primi cosiddetti "pazienti zero" Covid a Wuhan per poter affermare che le loro condizioni respiratorie sono causate da un virus. La gente mi chiede spesso: "Ma il fatto che un certo numero di personea Wuhan si sono ammalate contemporaneamente non dimostra già in automatico l'esistenza del virus?".

Chiariamo questo punto. Quando noi vediamo che un certo numero di persone si ammalano contemporaneamente, allora stiamo facendo un'osservazione epidemiologica.

L'epidemiologia non dimostra l'esistenza del virus e non asserisce una causa specifica per queste malattie. Le osservazioni epidemiologiche registrano il fatto che le persone cominciano a manifestare determinati sintomi e gli epidemiologi possono anche proporre l'ipotesi che devono essere testati per comprendere la causa di queste condizioni di salute. Gli epidemiologi non dimostrano o affermano la causa. La determinazione della causa di queste condizioni si verifica solo dopo che sono stati effettuati gli studi epidemiologici, cioè dopo che abbiamo capito che succede qualcosa e la gente comincia a manifestare dei sintomi. Se credete che il fatto che le persone si ammalino contemporaneamente dimostri automaticamente l'esistenza di un virus, allora pensate che lo scorbuto fu causato da un virus. Dopotutto, i marinai iniziarono ad ammalarsi con gli stessi sintomi contemporaneamente o uno dopo l'altro, quindi, per molto tempo, si è creduto che lo scorbuto fosse una malattia infettiva contagiosa e tutti coloro che offrivano spiegazioni alternative venivano ridicolizzati. Stesso discorso per condizioni come beriberi e pellagra, considerate malattie infettive, quando in realtà erano conseguenza di carenze nutrizionali. E questi non sono gli unici esempi. E se pensate che se la malattia si stia diffondendo e le persone in altre regioni iniziano a mostrare gli stessi sintomi automaticamente dimostrerebbe che la causa di questo sia un virus, allora dovreste pensare che Chernobyl non è stato un incidente in una centrale nucleare, ma un virus. *Qualsiasi scienziato o medico competente concorderebbe sul fatto che le osservazioni epidemiologiche da sole non dimostrano l'esistenza di un virus* (ma forse questi scienziati e medici non esistono più NDR). *Se il virus sia la causa o no, resta da vedere. I ricercatori onesti capiscono che queste malattie respiratorie sono causate da vari fattori. Ad esempio le sostanze chimiche, l'inquinamento dell'aria, stili di vita tossici ed altri fattori. Basta dare un'occhiata a un'enorme quantità di letteratura scientifica sulla polmonite causata dai farmaci. Esistono oltre 600 farmaci che inducono la polmonite e questo elenco include molti farmaci comuni come il Paracetamolo, gli antibiotici, le statine, e perfino l'aspirina. Insomma, possiamo stare qui tutto il giorno a discutere sui fattori che possono causare le malattie respiratorie. Perciò, se il vostro scopo è quello di determinare la vera causa di una malattia, e non quello di imporre i fatti che vi conviene, allora indagherete in modo imparziale tutte le possibili cause senza aggrapparvi a qualcosa di non sostenibile. Quando si tratta di un virus, è necessario seguire tutti questi passaggi* (vedi sopra: 1,2,3) *per verificare se è la vera causa della malattia. E secondo voi, in tutta questa storia che dura già da un anno e mezzo* (Ndr: questo video probabilmente risale al 2021) *che si chiama Covid-19, questi passaggi sono mai stati effettuati? Neanche una volta. Nonostante ci sia un numero enorme di pubblicazioni, i titoli dei quali affermano che il virus Sars-Cov2 è stato isolato, ma in realtà non è mai stato fatto.*

La procedura di isolamento è molto semplice ed è stata utilizzata con successo in microbiologia e consentirebbe di ottenere le particelle virali completamente purificate, cioè un campione puro di un virus oppure di qualcos'altro che si desidera studiare.

Per fare questo, si preleva il liquido polmonare del paziente e si fa passare attraverso speciali filtri per eliminare tutte le grandi molecole ed ottenere un risultato costituito da molecole misurate in nanometri. Poi, utilizzando una centrifuga a gradiente di densità, questo prodotto viene centrifugato per separare tutte le diverse e minuscole molecole che si trovano nel filtrato in base alla densità ed al peso. Così si creano diversi gruppi di molecole con lo stesso peso e densità che finiranno nello stesso assemblamento, separati da tutto il resto. Quindi, se le particelle virali fossero presenti, sarebbero in uno di questi assemblamenti. Dopodiché si può prendere questo assemblamento di particelle e studiarlo per determinare il genoma, le proteine e poi testarle per verificare una ipotetica patogenicità.

Ecco come si dovrebbe isolare un virus.

E' importante capire che se non viene eseguita questa procedura, e non si ha un campione del virus, allora gli ulteriori passaggi, come la prova di relazione causale con la malattia, creazione di un test diagnostico e di conseguenza di un vaccino, semplicemente non sono possibili.

Come ho già detto, so che suona strano, ma in virologia, questa procedura non è mai stata eseguita. I virologi sono gli unici scienziati al mondo che hanno deciso di ignorare la definizione della parola "isolamento", e quindi i loro metodi per l'isolamento di un virus non hanno nulla a che fare con la definizione generale di questa parola. In virologia, isolare un virus, non significa estrarre questo virus dall'organismo di un malato, ma eseguire la cosiddetta "coltivazione virale". I virologi prendono un campione del liquido polmonare, dal quale non isolano il virus, quindi non hanno idea se sia presente in questo campione. Dopo lo mettono nelle cellule Vero – le cellule renali di una scimmia – e aggiungono grandi quantità di antibiotici e antimicotici. Inoltre limitano gravemente la nutrizione delle cellule, mettendole alla fame. Quindi osservano un effetto citopatico – cioè la morte delle cellule – affermando che questo prova la presenza e la patogenicità del virus nel campione. Però, gli antibiotici ed i farmaci antimicotici che aggiungono alle cellule affamate, sono delle cito e nefro tossine molto potenti.

Allora, cosa ha effettivamente ucciso le cellule, questi farmaci tossici e la fame, o un ipotetico virus? La risposta a questa domanda potrebbe essere fornita da esperimenti di controllo in cui i virologi potrebbero prendere il materiale non infettivo, ad esempio il liquido polmonare di una persona sana, oppure una soluzione sterile, ed usare le stesse condizioni, ovvero la stessa quantità di antibiotici e nutrizione ridotta per mostrare che l'effetto citopatico non si verifica. Allora sarebbe chiaro al 100% che questi farmaci e la fame non possono causare la morte cellulare.

Secondo voi, almeno in una pubblicazione sul cosiddetto "isolamento" del Sars-CoV2 è mai stato condotto un esperimento simile di controllo? La risposta a questa domanda è no, nemmeno una volta. C'è mai stato un simile esperimento condotto almeno una volta nell'intera storia della virologia? No, con nessun cosiddetto "virus patogeno". Bisogna ammettere che nella virologia, per isolamento del virus, si intende non un campione ottenuto del virus, ma l'uccisione delle cellule nel vitro, che non ha nulla a che fare con l'isolamento. Per di più non si fa mai nessun tipo di controllo, che nella scienza è semplicemente inaccettabile.

Perché allora gli esperimenti di controllo non vengono mai eseguiti nella virologia? Perché comporterebbero i risultati che porterebbero alla scomparsa della virologia.
(Ndr. Essendo che non esiste alcuna prova che qualunque virus sia mai esistito.)

John Enders, l'uomo che ha inventato questa procedura fraudolenta di uccisione delle cellule, che oggi i virologi chiamano "isolamento" e lo stanno usando anche nei nostri giorni. Una volta ha condotto un esperimento di controllo che è stato ignorato da tutti. Nella sua pubblicazione del 1954, intitolata "Propagazione nelle colture tessutali di agenti citopatogeni da pazienti con morbillo", dove ha descritto per la prima volta i risultati della sua coltura cellulare, scriveva questo: "Il secondo agente è stato ottenuto da una coltura non inoculata di cellule renali di una scimmia. I cambiamenti citopatici che ha indotto nei preparati non colorati non potevano essere distinti con sicurezza dai virus isolati dal morbillo". Questa è una citazione molto importante. Per non farvi confondere, ve lo spiego: I virus ottenuti da pazienti con morbillo sono semplicemente un campione di tessuto prelevato da una persona malata. Non è un virus purificato. In questo caso, Enders ha prelevato i campioni da bambini. Enders dice di aver condotto un esperimento di controllo. Ha preso una coltura cellulare, l'ha messa nelle stesse condizioni, ciò significa che ha ridotto la nutrizione e aggiunto antibiotici tossici ma non ha usato alcun materiale "infettivo" con ipotetico virus di una persona malata. Ha usato solo le cellule, l'ambiente con la nutrizione limitata e gli antibiotici. E come dice lui, ha ottenuto risultati indistinguibili dal materiale "infettivo" con ipotetico virus all'interno. Questa è la prova diretta che l'effetto citopatico non è causato da alcun virus, ma dalle condizioni tossiche dell'esperimento stesso. Cosa succede dopo? Succede che durante il decadimento cellulare, le cellule rilasciano un'enorme quantità di particelle diverse che contengono il materiale genetico. Queste particelle provengono da cellule renali di scimmia e dal siero fetale di vitello che viene sempre aggiunto assieme alla mucosa del paziente. Enders aggiungeva lì anche il latte di mucca. Quindi, abbiamo diverse fonti di materiale genetico, le cellule di scimmia, il liquido polmonare umano, il siero del feto di vitello ed il latte. Tutti questi componenti contengono materiale genetico, quindi durante il decadimento essi produrranno le particelle, le vescicole extracellulari con l'acido nucleico all'interno. Ma la comparsa di queste particelle viene annunciata come la prova che il virus si è moltiplicato. I virologi osservano queste particelle al microscopio, scegliendo quelle delle quali gli piace la forma. Fanno la foto di queste ultime e le chiamano: il virus Sars-CoV2.

Non isolano mai queste particelle, le guardano semplicemente con un microscopio e le fotografano. Non c'è nessuna prova che queste particelle siano qualche tipo di virus. Come ho già detto, questi possono essere prodotti comuni di decadimento di tutti i materiali coinvolti nell'esperimento. Ad esempio, quello che nelle fotografie viene chiamato virus Sars-CoV2 è la copia esatta degli esosomi, le particelle prodotte dalle cellule dei mammiferi e che non sono patogeni. Non c'è nessuna prova che queste fotografie mostrino "virus" e non gli esosomi. Vediamo cosa ha scritto Enders nella sua pubblicazione del 1957 intitolata: "Virus del morbillo: un riepilogo degli esperimenti relativi all'isolamento, alle proprietà ed al comportamento". "Ruckle (è un altro scienziato) ha recentemente riportato risultati simili e inoltre ha isolato un agente dal tessuto del rene di una scimmia che fin'ora è indistinguibile dal virus del morbillo umano. Tuttavia, il problema dell'origine dell'agente responsabile... non è stato ancora risolto.". Qui Enders afferma di non sapere se queste particelle, ottenute per effetto citopatico, siano i virus oppure semplicemente i prodotti del decadimento cellulare, ad esempio gli esosomi. Un'altra citazione nella stessa pubblicazione, dice: "Esiste un rischio potenziale nell'impiego di colture di cellule dei primati per la produzione dei vaccini composti dei virus attenuati, poiché la presenza di altri agenti possibilmente latenti nei tessuti dei primati non può essere definitivamente esclusa da nessun metodo conosciuto.". Cosa vuol dire? Assolutamente la stessa cosa che dicevano i ricercatori moderni nel 2020. Ecco l'articolo che è stato pubblicato nella rivista che si chiama "Viruses", del 2020, dove si parla del ruolo delle vescicole extracellulari come alleati di quello che viene spacciato per il "virus" dell'HIV, epatite C e del Sars. "Al giorno d'oggi, è una missione quasi impossibile separare EV e virus mediante metodi canonici di isolamento delle vescicole, come l'ultra centrifugazione differenziale, perché sono spesso co-pellettati a causa della loro dimensione simile. Per superare questi *problemi, diversi studi hanno proposto la separazione degli EV dalle particelle virali sfruttando le loro velocità diverse di migrazione in un gradiente di densità o utilizzando la presenza di marcatori specifici che distinguono i virus dalle vescicole extracellulari. Tuttavia, ad oggi, non esiste un metodo affidabile che possa effettivamente garantire una separazione completa." (Ovvero non esiste nessuna separazione, nessun isolamento di virus, detto chiaramente.)*

Questa citazione significa che i cosiddetti "virus" e le vescicole extracellulari, cioè gli esosomi, sono così identici che non potete nemmeno distinguerli o separarli l'uno dall'altro.

È semplicemente impossibile. Quindi, quale prova avete per affermare che state guardando i virus e non gli esosomi o gli altri detriti cellulari dopo un effetto citopatico?

Assolutamente nessuna! Se aveste condotto esperimenti di controllo e anche isolato queste particelle, ed aveste dimostrato la loro patogenicità, allora potremmo dire che questo è un virus, ma nessun virologo non lo fa mai.

Negli anni '50, l'esperimento di controllo fatto da Enders fu ignorato da tutti, compreso lo stesso Enders. E la sua procedura è diventata una procedura standard in virologia e l'unica "prova" dell'esistenza dei virus. Voglio sottolineare che la procedura di Enders non è solo uno dei modi in cui i virologi dimostrano l'esistenza di un virus.

Questo è l'unico metodo. Da allora nessuno ha condotto esperimenti di controllo. E questa frode scientifica ha continuato ad esistere, ma ora questa frode è giunta alla fine e siamo sull'orlo di una vera rivoluzione scientifica. Il 21 aprile 2021 Stefan Lanka, il microbiologo tedesco, ha fatto qualcosa che nessun altro "scienziato" ha fatto dai tempi di John Enders. Stefan Lanka ha eseguito esperimenti di controllo. Quali risultati pensi che abbia ottenuto? Gli stessi di John Enders. Si è verificato esattamente lo stesso effetto citopatico con la coltura cellulare, senza l'aggiunta di alcun materiale infettivo ma messo nelle stesse condizioni, con le alte dosi di antibiotici e la fame. Diamo un'occhiata più da vicino a questi

esperimenti. (Vengono mostrate delle immagini) *Per essere precisi, qui viene utilizzato il farmaco chiamato amfotericina, proprio questo farmaco è stato utilizzato in tutti gli studi sull' "isolamento" del Sars-CoV2. Come potete vedere* (nel video), *la linea cellulare che sin dal primo giorno ha ricevuto una buona alimentazione e una piccola dose di antibiotici, è rimasta sana fino al 5° giorno dell'esperimento. Non osserviamo alcun effetto citopatico o morte cellulare. (...) Erano sane, ma un giorno dopo aver cambiato il mezzo nutritivo ed usando una dose triplicata di amfotericina, le cellule iniziano a sembrare anormali. E dopo 5 giorni si osserva un grave effetto citopatico. E tutto questo avviene senza l'uso di alcun materiale infettivo, solo a causa delle condizioni tossiche in cui sono state collocate queste cellule. L'ultimo gruppo (di cellule) è stato utilizzato per ulteriori esperimenti di controllo, per il cosiddetto sequenziamento genomico, durante il quale i virologi ovviamente non conducono alcun esperimento di controllo, ma Stefan Lanka lo farà per loro e mostrerà che da questa coltura cellulare, dove non c'è affatto il virus, usando i loro metodi, si può sequenziare il genoma del virus Sars-CoV2, del virus Ebola, del virus del morbillo e di qualsiasi virus che volete. A questa coltura cellulare è stata aggiunta una fonte di RNA. Questo RNA è stato ottenuto dal lievito, non quello ordinario, ma da una sostanza matrice. E' stato aggiunto lì perché, quando i virologi aggiungono l'espetto- rato di un paziente ad una coltura cellulare, introducono una grande quantità di acidi nucleici e non solo. La sostanza come l'espetorato ha una consistenza molto ricca.*
Per questo, con l'aiuto dell'RNA del lievito, hanno cercato di imitare un po' l'espettorato del paziente, che è ricco di tali molecole. L'RNA derivato dal lievito è completamente neutro, non è patogeno in nessun modo, ma qui potete vedere che la sua presenza provoca un effetto citopatico ancora maggiore, nonostante non sia correlato a nessun agente patogeno. Amici, questo esperimento confuta tutta la teoria su cui si basa la virologia.

La teoria che i virus esistono e causano malattie è stata ora completamente smentita.

Questi esperimenti dimostrano che ciò che i virologi chiamano "evidenza della presenza di un virus in un campione di tessuto" sono solo conseguenze causate dalle condizioni stesse dell'esperimento in laboratorio, non sono mai causate dalla presenza di un virus.

Quindi riassumiamo.

Se il virus Sars-CoV2 non esiste, come ora è stato definitivamente dimostrato scientificamente, significa che:

1) Non esiste una struttura virale e non esiste alcuna proteina spike.

So che qualcuno chiederà sicuramente informazioni sulla ricerca riguardo le proteine spike. Se leggete questi studi, vedrete che non ottengono questa proteina dal virus.
Ottengono una proteina ricombinante e questo viene fatto in laboratorio utilizzando le sequenze genetiche false generate dal computer. Insomma, questa non è una vera proteina spike derivata da un virus.

2) Non esiste nessun genoma virale.

Il cosiddetto genoma del virus Sars-CoV2 è una creazione di computer, assolutamente artificiale che non ha nulla a che fare con qualcosa di reale, e gli esperimenti successivi di controllo lo dimostreranno assolutamente a tutti.

3) Non esistono i ceppi virali.

4) Non è possibile creare alcun test diagnostico oppure un vaccino.

Il test PCR e i vaccini mRNA si basano su una sequenza genetica completamente falsa che non ha nulla a che fare con *qualcosa di reale.*

5) *E' impossibile dimostrare una relazione causale tra una malattia ed un virus inesistente.*

6) *Tutte le cosiddette misure preventive prese dal governo non sono basate sulla scienza e tutta la storia del Covid-19 è necessaria solo per il controllo sociale e per fare abituare le persone alla dittatura.*

Amici, come vi ho già detto, siamo sull'orlo di una rivoluzione scientifica e medica. Chiedo ad ognuno di voi di condividere questo video ovunque possibile, perché questo è l'unico modo con il quale possiamo trasformare questa rivoluzione in realtà. Il lavoro scientifico di Stefan Lanka, di cui vi ho parlato oggi, non sarà mai consentito di essere pubblicato in nessuna rivista scientifica. Queste informazioni verranno soppresse il più possibile. Pertanto, il dovere di ognuno di noi è condividere queste informazioni.
Questo è l'unico modo in cui si può ottenere abbastanza pubblicità da influenzare il corso della nostra storia.

(NdA Aggiungo che anche la trascrizione su carta del suddetto video e la diffusione di questo libro è importante, prima che eliminino definitivamente tutto il materiale dal web, magari con un grosso blackout futuro che impedisca ulteriori collegamenti internet. Credo che abbiano in programma di arrivare anche a questo. Quando vedranno che troppe informazioni vere circolano ancora su internet e non sapranno più come fermarle nonostante la censura devastante, saranno capaci anche di creare un immenso blackout generale per impedire che le persone si colleghino ancora ad internet ed avere ulteriore accesso alle preziose informazioni che siamo riusciti a mantenere visibili e condividere nonostante tutto questo capillare sistema dittatoriale di controllo.)

Commento NdR: Questo indica anche che una semplice febbre è in grado di disgregare i "virus", infatti la febbre serve anche a questo, oltre ad obbligare i batteri, detti impropriamente "patogeni", a rimutare forma e quindi funzione ed a tentare di eliminare dalla pelle (via emuntoria per eccellenza) le infiammazioni latenti nelle viscere del corpo.

Inoltre questa università si è dimenticata di dire, non so se volutamente o meno, che i virus/esosomi (qualsiasi), che sono esclusivamente proteine a DNA/RNA e non micro organismi, sono SEMPRE all'interno di terreni biologici liquidi, come ad esempio, i tessuti degli organi del corpo che sono formati soprattutto da cellule immerse nei liquidi del corpo. Queste proteine "virali" a DNA/RNA, i cosiddetti virus, vengono "creati"/assemblati dalle cellule, per essere "informatizzati" nei loro DNA/RNA, e distribuiti nel sangue per informare altre cellule per far svolgere le loro specifiche funzioni; oppure, sempre queste proteine virali (Virus/esosomi), si creano alla e nella apoptosi cellulare, ovvero alla disgregazione (Disgregazione: scindere un'aggregazione nei suoi elementi primordiali.) e/o rigenerazione dei tessuti infiammati e delle cellule, che poi vengono riversati nei liquidi dei corpi nei quali sono stati creati. I nuclei delle cellule e dei mitocondri che contengono DNA/RNA (ogni cellula ne contiene circa 100), quindi ("virus" o proteine virali) vengono messi in circolazione nei liquidi del corpo a trilioni ogni giorno, ed è CERTO che si trovano in ambiente ANAEROBICO, ovvero NON a contatto con l'aria che è composta principalmente da ossigeno, che è un forte ossidante. Per cui, quando i "virus" (qualsiasi) entrano a contatto con l'aria, con temperature, pressione, ionizzazione; la micro tensione superficiale del capside (NdR In fisica: la tensione meccanica superficiale di un fluido, generalmente indicata con la lettera greca sigma, è la tensione meccanica di coesione delle particelle sulla sua superficie esterna) si trova in una situazione MOLTO diversa dal suo ambiente funzionale, dei liquidi (a 36,5 gradi nell'umano) nel quale può svolgere la propria funzione. La custodia dei "virus" (un sottilissimo capside/contenitore esterno, composto da grassi-lipidi, mantenuto coesi dal solvente acqua, immaginate una bollicina di sapone grande 1 milionesimo di millimetro....= nanoparticella biologica grande 1 milionesimo di millimetro....) si ossida, si degrada, si "rompe", si disintegra, perché perde il collante del solvente acqua che evapora, e quindi il cosiddetto virus, cioè la proteina virale a DNA/RNA, si decompone con i suoi componenti aggreganti e finisce per disintegrarsi completamente, disperdendosi nei suoi componenti atomici primordiali.

Deduzione logica:

Non bisogna aver paura dei virus/esosomi presenti in Natura, sono solo proteine inerti ed innocue, che per di più si degradano immediatamente a contatto con l'ossigeno dell'aria !
Invece i virus dei Vaccini sono pericolosi perché intossicano l'organismo ed impediscono la respirazione cellulare.
NON esiste NESSUNA infettività che si trasmette dall'aria... a cosa servono le mascherine (fonte di accumulo di batteri) ? A nulla, perché anche se per ipotesi i virus potessero essere trasportati dall'aria....sarebbero comunque proteine virali innocue perché sostanze inerti... ma NON possono assolutamente trovarsi nell'aria anche perché come tutti sanno, l'olio, che è un grasso (lipide), non si attacca né si aggrappa, né è solubile nell'acqua... quindi come farebbe un ipotetico virus/esosoma (che è proteina virale a DNA/RNA contenuta in un capside formato solo da lipidi, cioè da grassi) a rimanere a contatto con l'acqua, cioè ad aggrapparsi ad una bollicina di acqua....(vapore acqueo)?
Essa sarebbe in realtà, semmai, allontanata per repulsione atomica, ovvero per la tensione di superficie delle bolle con superfici esterne delle due differenti sostanze: acqua e grassi, quindi un virus non potrà MAI rimanerci attaccato od aggrappato !... Come invece vi raccontano quelli dell'OMS..... che sono dei delinquenti al servizio di Big Pharma e dei militari....
Senza contare che la dimensione di una "Flügga" (bollicina di

vapore acqueo) è "solo" 1.000 volte più piccola del più piccolo virus/esosoma.....

Quindi, quale scientificità vi sarebbe nelle affermazioni universitarie in virologia ?.....NESSUNA ! è tutto FALSO, perché sono dei CRIMINALI che si sono impossessati dei posti centrali della sanità in tutti i governi del mondo.... e quindi fanno il bello e il cattivo tempo come vogliono le Big Pharma... che sovvenzionano e controllano TUTTI i cosiddetti enti a tutela della salute, in primis l'OMS, CDC, FDA, EMA, Aifa, ministri della sanità del mondo intero !

Però alcuni potrebbero obiettare che le proteine virali a DNA/RNA (i virus/esosomi) potrebbero essere presenti nelle goccioline sputate dalla bocca quando si parla, e quindi potrebbero "infettare" qualcuno; ma esaminiamo i FATTI:

1 – Queste proteine virali, se immesse dalle vie respiratorie (naso), cosa assai difficile od impossibile perché per gravità, le goccioline di saliva, che è anche un potente battericida...., cadono a terra facilmente, se non immesse volutamente nella bocca di qualcuno per mezzo di uno "slinguazzamento" od un vero e proprio sputo diretto, ma comunque anche se entrassero via bocca, sarebbero fermate e comunque sterilizzate dalla saliva del ricevente ed al massimo immagazzinate nelle mucose delle vie respiratorie e poi reimmesse/sputate fuori con il muco del soggetto ricevente, oppure distrutte dal suo sistema immunitario, perché riconosciute come intruse/eterologhe /estranee, e disgregate totalmente (cioè rese inefficienti) per mezzo dei macrofagi, globuli bianchi e cellule immunitarie, senza contare le sostanze che le cellule preparano per il loro sistema immunitario interno, che blocca decomponendo le sostanze anche proteiche che alle volte vengono ad introdursi in esse, ecc., ed i residui verrebbero espulsi dall'organismo anche dal sistema linfatico e per mezzo degli organi emuntori, muco, pelle, ecc....

2 – Facile deduzione: le proteine virali a DNA/RNA (i virus/esosomi) NON INFETTANO NESSUNO e MAI, anzi, ricordate che i virus/esosomi, creati e informatizzati dalle cellule dei corpi viventi sono indispensabili per far si che le varie cellule del corpo eseguano le loro specifiche funzioni per mantenere i tessuti funzionali alla Perfetta Salute.

Quindi, MAI cercare di distruggere i Virus/esosomi, perché essi, come i Batteri, sono indispensabili alla vita sana e funzionale in tutta la Natura vegetale, animale ed umana.

Sintesi:

I virus/esosomi, li produciamo noi a trilioni ogni giorno e di tutti i tipi. Essi sono creati dalle cellule per mantenere il corpo sano, sono indispensabili alla vita.

Quelli che si trovano con i tamponi e le analisi, provengono dai tessuti ammalati delle varie parti del corpo alla morte delle cellule di quei tessuti.

Gli esosomi/virus, sono sostanze inerti e non infettano Mai nessuno, e non volano nell'aria.

I virus/esosomi, vengono prodotti dalle cellule stesse che esistono solo nei liquidi dei corpi viventi, quindi possono veicolarsi solo nei liquidi, mai nell'aria che invece li distrugge in pochi secondi.

I vaccini sono una grande TRUFFA, cosiccome le Mascherine, i Tamponi, le Analisi, perché, lo ripetiamo i virus/esosomi, sono materiale genetico inerte MAI isolati, né tossici od infettivi !

Mentre invece i virus non presenti in natura e contenuti nei vaccini (per poter fare i brevetti sui vari vaccini) sono creati nei laboratori Militari e delle Big Pharma, appositamente per far ammalare od uccidere prematuramente i vaccinati di "morte improvvisa" = SIDS o SADS

By Fabio Franchi (medico) – Marzo 2023

Premessa del dottore: Agli amici, a chi voglia sostenere il mio

lavoro, chiedo un favore. Coloro che sono interessati all'articolo, di cui ho parlato nel post precedente (fornendo anche la versione in italiano), potrebbero scaricarlo direttamente dal sito:
https://ijvtpr.com/index.php/IJVTPR/article/view/81/216

Così risulterà un numero maggiore di accessi

Qualcuno mi ha fatto notare che la mia replica alla lettera della professoressa Capobianchi fosse troppo tecnica, così ho pensato di inserire un sommario iniziale, per chi volesse cogliere il succo, ... senza pagare dazio.

Eccolo qui il Sommario:
Una richiesta di accesso agli atti è stata inviata all'Istituto Spallanzani (Istituto Nazionale Malattie Infettive, Roma-Italia), in merito al presunto isolamento di SARS-CoV-2.
Ad essa ha risposto gentilmente la Prof.ssa Maria Rosaria Capobianchi, Direttrice del Dipartimento di Epidemiologia Clinica e Diagnostica, allegando 14 articoli di ricerca a supporto.
La professoressa ha scritto al richiedente che l'unico mezzo per ottenere l'isolamento in virologia è mostrare:
  1) un effetto citopatico visibile nelle colture cellulari,
  2) presenza di particelle virali da colture cellulari,
  3) misura della quantità di genomi virali rilasciati dalle cellule.
Nella presente replica obiettiamo che tutti i fenomeni di cui sopra sono aspecifici e l'unico modo per essere sicuri è isolare fisicamente il virus. Questo non solo è possibile, ma è una procedura accettata e standardizzata in virologia, utilizzata anche per l'isolamento – non riuscito – dell'HIV.
Consiste nel separare le presunte particelle virali con ultra centrifugazione in gradiente di densità di saccarosio. Il contenuto della banda di sedimentazione corrispondente può essere visualizzato con un microscopio elettronico.

In caso di esito positivo, il materiale in quella banda (virus puro) può essere studiato nei suoi componenti, cioè proteine e codice genetico. I test di controllo sono fondamentali.

Nonostante gli oltre 170.000 lavori scientifici pubblicati su SARS-CoV-2 (COVID-19) in un anno e mezzo (NdR: nel mondo intero), la procedura di cui sopra non è stata portata a termine da alcuno.

Tra questi documenti, NESSUNO ha mostrato una relazione causale tra un risultato positivo alla PCR e la malattia (polmonite interstiziale). Lo stesso test PCR non è mai stato convalidato e standardizzato, il che significa che nessuno sa cosa identifichi!.

Le pubblicazioni nell'elenco fornito dalla prof.ssa Capobianchi confermano in toto l'assenza delle prove richieste.

Ancora di più: offrono un'ulteriore evidenza che quelle che son state "riconosciute" come particelle di SARS-CoV-2 non possono essere coronavirus. Non possono essere neppure un virus unico.

Infatti sono differenti per forma e dimensione; molte sono incompatibili con la definizione di coronavirus.

Inoltre, alcuni lavori mostrano che il test antigenico utilizzato, accettando tutti i parametri offerti dagli Autori, ha dato luogo a un numero enorme di risultati falsi positivi (in un calcolo, su 36 risultati positivi, 35 sono falsi). Anche i test sugli anticorpi sono molto inaffidabili.

"Lockdown" e quarantene sono fondate sulla capricciosità di tali inaffidabili test.

SVEGLIA caro gregge IGNORANTE.

La "Virologia" è basata sul NULLA – vedi il video dimostrativo di questa frase, che è stato CENSURATO, perché non allineato con il "pensiero unico" di Big Pharma....:
Questo video cancellato, lo trovate in altro modo ed in parte

qui:
Un acceso confronto sul cosiddetto virus del Covid-19, sul suo presunto isolamento e sui vaccini.
Ospiti, il dott. PASQUALE BACCO medico legale e scrittore, il dott. FABIO FRANCHI dirigente medico in reparti di medicina, già dirigente in reparto malattie infettive, ed ENRICA PERUCCHIETTI giornalista scrittrice.
Conduce l'intervista CARLO SAVEGNAGO
https://ivdp.it/9590-2/

Il cosiddetto virus del Morbillo NON esiste, ecco la dimostrazione inequivocabile:
https://pattoverascienza.com/wpcontent/uploads/2022/09/virus_Lanka_studio.pdf

Ma neppure gli altri cosiddetti virus dei quali dicono che siano pericolosi, perché esistono SOLO gli esosomi o vescicole.... contenenti materiale genetico DNA/RNA, i quali vengono creati sempre e solo dalle cellule di vegetali, animali, umani, per mantenere sani gli esseri viventi.

Altro discorso sulle proteine virali vaccinali, cioè i cosiddetti Virus artificiali dei Vaccini, inoculati alla popolazione IGNARA con le collusioni/corruzioni dei politici al servizio di Big Pharma.

Come si producono i Vaccini? Anche con Cellule cancerose infettate!
Ora, con i vaccini recenti e propinati alla popolazione ignorante, medici compresi, hanno perfezionato la loro tecnica per ammalare meglio e nel tempo, non subito, per non far riconoscere facilmente i danni che i Vaccini producono, preparando delle sostanze nanotecnologiche delle dimensioni simili a quelle degli esosomi/virus, ma con dei ganci (Spike) all'esterno del loro capside protettivo, in modo che quelle sostanze vaccinali si "aggrapino" alle pareti cellulari in modo da

bloccare la loro respirazione, facendole morire e quindi rendendo inattivo il tessuto di un determinato organo del corpo, vedi le miocarditi, ecc. che generano questi ultimi pseudo vaccini da 10 anni a questa parte...

Il Vaccino è un preparato elaborato da laboratori altamente specializzati, contenente materiale costituito da proteine di lipidi complesse (che formano la parte esterna del virus detta "capside" e da DNA eterologo, cioè estraneo, provenienti da micro-organismi o parti di essi (tratti da organi e/o tessuti di altre specie o da quelle umane alterate).

Ci vogliono circa sei mesi come minimo per poter preparare un vaccino da testare... ed un anno per i test... fatti sui volontari pagati, oppure sui neri o popolazioni ignare dei pericoli di quelle sostanze tossiche inoculate, che non vengono ovviamente indicate a coloro che si sottopongono a quelle pericolose pratiche anti-sanitarie.

Il Vaccino per la sindrome COVID19 è una Bioarma militare: Qui viene mostrata una mail da parte di un soggetto che lavora nei laboratori militari, che scrive ad Antony Fauci, il collaboratore di Kill Gates, e dirigente del NIAID (centro ricerche US) fino a Dic. 2022, spiegando come fanno a preparare quest'arma biologica:

"Metodo di produzione della BioArma Coronavirus"...
Tratto da:
https://twitter.com/antonel62013162/status/148121217144292
1472?s=20

From: (b) (6)
Sent: Wed, 11 Mar 2020 06:19:13 -0400
To: NIAID Public Inquiries
Subject: Fwd: Coronavirus bioweapon production method

Sent from my iPhone

Begin forwarded message:

> **From:** Adam Gaertner   (b) (6)
> **Date:** March 11, 2020 at 6:16:40 AM EDT
> **To:** "Fauci, Anthony (NIH/NIAID) [E]"   (b) (6) >
> **Subject: Coronavirus bioweapon production method**

Hello Anthony,

This is how the virus was created.

Intervirion Fusion. HIV-luc(ACE2) (500 ng of p24) was mixed with 1,000 ng of p24 of HIV-gfp particles incorporating ASLV-A envelope, SARS-CoV S protein, or both envelopes in PBS at 4°C for 30 min to allow binding. Samples were raised to 37°C for 15 min to allow for conformational rearrangements. Virions were adjusted to the desired pH with 0.1 M citric acid. PBS, TPCK-trypsin (final concentration 10 μg/ml), CTSL, cathepsin B (CTSB) (final concentrations 2 μg/ml) or CTSL buffer alone was then added. Recombinant CTSL (R &D Systems) was preactivated by incubation for 15 min at 10 μg/ml in 50 mM Mes, pH 6.0, on ice. Recombinant CTSB (R &D Systems) was preactivated in 25 mM Mes, 5 mM DTT, pH 5.0, for 30 min at 25°C. After a 10-min incubation at 25°C, proteolysis was halted by the addition of 300 μl of DMEM10 containing leupeptin (25 μg/ml) and STI (75 μg/ml). Virions were then incubated at 37°C for 30 min to allow membrane fusion. 100 μl of the virion mixture was added in quadruplicate to HeLa-Tva cells pretreated for 1 h with leupeptin (20 μg/ml). The cells were spin-infected and incubated at 37°C for 5 h

Inoltre:

Ecco anche la dimostrazione che i virus/esosomi non possono entrare nel citoplasma della cellula in modo naturale, ma possono informare il DNA/RNA delle cellule con il meccanismo qui di seguito descritto :

La proteina "Spike" ed il taglio della furina.

La superficie esterna dei cosiddetti coronavirus, sarebbe ricoperta da una proteina chiamata "spike" (che significa "spina"), formata da tanti piccoli ganci, che servirebbero per potersi attaccare all'esterno delle membrane cellulari.

Il primo recettore al quale si può legare la Spike del presunto virus Sars-CoV-2, è la proteina cellulare ACE2 (enzima recettore cellulare dell'acetilcolina 2, presente in grande numero sulle cellule dell'epitelio 'tessuto', delle alte vie respiratorie, ma anche del tratto intestinale superiore ed inferiore, del cuore e dei reni).

Diversamente da altri coronavirus, il Sars-CoV-2 possiederebbe una piccola sequenza in più, localizzata lateralmente alla "Spike". Questo "pezzo in più" viene tagliato dall'enzima cellulare furina. È grazie a questo taglio che la "spike" può legarsi ad un secondo recettore, la neuropilina-1, che è espressa in abbondanza in diversi tessuti, come ad esempio, le terminazioni nervose nel naso.

I due sieri genici, spacciati per "vaccini" ad mRna, utilizzerebbero molecole di acido ribonucleico messaggero (mRNA), che contengono le "istruzioni" per influenzare le cellule delle persone vaccinate, affinché sintetizzino altre proteine Spike ovunque nel corpo, pensando quindi di rendere la proteina Spike una sostanza "invasiva ed infestante", che dovrebbe essere prodotta dalle cellule stesse...

NULLA di più falso! Le cellule non fanno entrare nulla che non sia in risonanza con la vita sana; invece quelle spine/spike/ganci che introducono a miliardi con una semplice dose vaccinale, arrivano, attraverso la micro-circolazione sanguigna, nei vari tessuti del corpo, rendendo quindi quei tessuti (e quindi gli organi ai quali appartengono) meno elastici; quindi paralizzando ed irrigidendo spesso il tessuto stesso, compreso quello dei vasi di vene ed arterie della micro-circolazione sanguigna, (capillari): vedi di conseguenza gli ammalamenti per miocarditi, ictus, ischemie, paralisi, infarti, ecc., che si manifestano ovunque sui vaccinati, sia poco dopo la vaccinazione che più in là nel tempo, producendo anche la "morte improvvisa" = SADS/SIDS.

Quindi:

Il meccanismo che trasferirebbe i dati contenuti nell'mRna (ingegnerizzato, non naturale, quale arma militare = Bioarma) introdotto dai sieri genetici/Vaccini per il Covid19 (così dicono i produttori dei Vaccini) per indurre le cellule a riprodurre la proteina Spike nel corpo del vaccinato, NON è quello che spiega la medicina allopatica, cioè che la Spike aprirebbe le "porte" all'ingresso dei cosiddetti virus (sintetici) e dell'mRna nelle cellule, in quanto la cellula è totalmente impermeabile a tutto ciò.

Il vero meccanismo è quest'altro:

Premesso che tutte le cellule hanno insito in sé stesse il DNA/RNA nel nucleo cellulare ove agisce la forza "forte" (ecco perché il DNA nucleico è chiuso su se stesso e non viene modificato facilmente), ma anche nei propri mitocondri (ove agisce la forza debole), che sono circa 100 per ogni cellula; e qui bastano delle intossicazioni importanti per modificarlo, quindi le alterazioni genetiche si possono anche trasmettere alla prole, come evidenziano chiara-mente le mutazioni genetiche indotte da qualsiasi tipo di Vaccino.

Premesso che gli organismi cellulari utilizzano il DNA, specificatamente l'RNA messaggero (mRNA), per trasmette-re le informazioni genetiche mediante le basi azotate guanina, uracile, adenina e citosina (indicate con le lettere G, U, A e C), che dirigono la sintesi di proteine specifiche.

... Per informatizzare le cellule con l'mRNA sintetico/OGM dei sieri/Vaccini, si utilizza uno specifico meccanismo elettromagnetico di risonanza, perché l'mRNA ingegnerizza-to, che è come il DNA, non solo fa da antenna, ma anche da apparato biologico ricetrasmittente, che converte la radiofrequenza emessa anche in frequenze vibratorie, dato che esso è immerso in acqua salmastra, (il mare nostrum) e può quindi, con le microonde prodotte nell'acqua, entrare in risonanza con altro DNA/mRNA e, nel caso specifico, quello dei mitocondri delle cellule che sono anch'esse immerse nei liquidi (acqua salmastra) del mare nostrum.

Entrando in risonanza, il DNA mitocondriale, con lo mRNA estraneo (sintetico/OGM), acquisisce le informazioni e se le "incorpora". E così il processo di informatizzazione estranea è acquisito nell'organismo vaccinato e le cellule iniziano a produrre la proteina virale Spike (proteina tossica) in tutte le cellule che hanno recepito le informazioni indotte con l'mRNA vaccinale.

Comunque, non avviene sempre immediatamente.

Infatti gli individui sani immunitariamente e cellularmente, non subiscono facilmente ed immediatamente quella invasività vaccinale, ed ecco perché le reazioni ai Vaccini sono diverse da un soggetto ad un altro o perché le reazioni dannose non avvengono subito e facilmente nei 14 giorni (come scrivono gli enti a tutela della "salute", ovvero dei fatturati delle Big Pharma), ma avvengono spesso in tempi più lunghi: mesi od anni. Tutto ciò serve ai produttori dei Vaccini a nascondere i Danni che avvengono dopo i noti 14 giorni dalla vaccinazione, come indicato anche nelle leggi italiane, e così il "pranzo" è servito! Danni dei vaccini molto sottostimati e non risarcibili....

Occorre precisare che i produttori dei sieri genici/vaccini, hanno prodotto diversi tipi di lotti vaccinali con sostanze diverse uno dall'altro, per fare la sperimentazione sulle cavie umane inconsapevoli dei danni più o meno gravi che hanno acquisito con la vaccinazione volontaria o forzata, per i ricatti subiti.

vedi: Segnalazione all'AIFA dei Danni dei Vaccini:
https://www.aifa.gov.it/content/segnalazioni-reazioni-avverse

https://www.altalex.com/documents/news/2022/01/21/danni
-da-vaccino-anti-covid-19-chi-risarcisce-e-a-quali-condizioni

https://www.epicentro.iss.it/vaccini/ReazioniAvverse

https://www.altalex.com/documents/news/2021/09/08/inden
nizzo-per-i-danni-da-vaccinazione-covid-19

P.S. Alcune precisazioni necessarie sui meccanismi sopra descritti:
I Cromosomi e quindi anche il DNA (doppia spirale o mono spirale nello RNA) sono, come abbiamo visto, dei meccanismi biologici ricetrasmittenti e risuonanti a qualsiasi frequenza dello spettro elettromagnetico ed anche oltre; il tutto gestito dall'ipofisi e dal sistema ghiandolare assieme al sistema immunitario, che sono nutriti dalle sostanze che prepara l'intestino per le cellule dei vari tessuti, che è il motore del corpo.
Questo apparato biologico ricetrasmittente, semplice ma perfetto, è sempre immerso e galleggiante nei liquidi del corpo e quindi trasmette in e da esso le informazioni necessarie per attivare azioni indispensabili alla Salute o malattia dell'organismo.
I Cromosomi ed il DNA/RNA sono quindi sempre immersi nell'acqua salmastra del corpo, e comunicano fra di loro con i vari sistemi, anche e soprattutto attraverso le onde a varie frequenze. Un esempio esterno: i sottomarini moderni per comunicare fra di loro in acqua, utilizzano onde a bassa frequenza, sotto i 3 kHz (ELF), corrispondenti a lunghezze d'onda superiori ai 100 km.

vedi anche telefono sottomarino:
https://it.wikipedia.org/wiki/Telefono_subacqueo

Si usano in questi ultimi casi, frequenze più basse, a cui corrispondono onde più lunghe, che hanno maggior capacità di penetrazione nell'acqua.

Interessanti sono i rumori, in realtà il linguaggio degli animali marini con i quali comunicano anche fra di loro, specie i delfini con gli altri esseri marini anche di altre specie....).

I Delfini fischiano e schiamazzano; e comunque fanno un casino pazzesco. Le balene si sentono anche a lunghe distanze emettendo come un lungo canto molto suggestivo.

Inoltre, precisiamo ancora una volta di più, che la membrana cellulare non può permettere di far entrare cosiddetti virus nel suo interno (citoplasma) perché essa è persino impenetrabile ai "Protoni", che sono particelle sub atomiche.

Ecco la dimostrazione che la membrana cellulare è impermeabile anche ai virus/esosomi, naturali e non, se la cellula non li richiede al sistema immunitario.

La MEMBRANA CELLULARE può fungere da barriera alle particelle cariche positivamente chiamate protoni.

(...)

Chi ci governa, sono politici COLLUSI con i grandi CRIMINALI che controllano il Pianeta con il denaro. Voi siete solo gli SCHIAVI che lavorano per loro...

Le prove scientifiche, pubblicate nel mondo, che nascon-dono, le trovate QUI in questo sito (pattoverascienza.com) ed in https://mednat.news

La VIROLOGIA NON É UNA SCIENZA, NON ESISTE PROPRIO !!!

Sotto in questa ed altre pagine, tutti i particolari scientifici che confermano questa sintesi iniziale.

Quindi: evitate di mettere quelle mascherine che sono inutili e comunque dannose, perché, i virus/esosomi, non volano nell'aria.

Il dott. Bassetti ha svelato di aver condotto una ricerca all'interno dell'ospedale San Martino di Genova:

"Abbiamo provato a rilevare quanto virus c'era nell'aria con un gorgogliatore all'interno di stanze con pazienti positivi al Covid".

Il risultato ? *"Zero virus trovati nell'aria"* ....

Ed ora CHI PAGA i DANNI agli Italiani ?

I presunti e cosiddetti VIRUS infettivi non sono mai stati isolati !
Una persona sana di mente mescolerebbe un campione di un paziente (contenente varie fonti di materiale genetico) con cellule renali di scimmia trasfettate, siero bovino fetale e farmaci tossici, e quindi affermerebbe poi che in quella miscela risultante si sarebbe stato presuntamente isolato il "SARS-COV -2" o qualsiasi altro cosiddetto virus, per poi spedirlo a livello internazionale per l'uso nella ricerca critica (incluso lo sviluppo di vaccini e test) ?
Perché questo è il tipo di attività fraudolenta prelevata dalle scimmie che viene spacciata come "isolamento del virus" dai team di ricerca di tutto il mondo. (...)

Alla TV vi raccontano solo BALLE non scientifiche, per generare la PAURA con i cosiddetti virus infettivi, che NON si vedono...., esattamente come nel medio Evo con la "peste che dicevano era nell'aria"....tutto ciò per sottomettervi ai loro voleri e togliere i vostri DIRITTI Naturali, umani e Costituzionali. (...)

Sentenza del Tribunale Irlandese:
"il virus covid-19 NON esiste" !

La dittatura mondialista sta imponendo delle inutili e dannose mascherine e sta impedendo alle persone di ricevere l'antidoto più efficace contro il presunto Covid, che non è il vaccino, è il sole.
https://m.jpost.com/health-science/tel-aviv-research-999-percent-of-covid-19-germs-dead-in-30-seconds-with-uv-leds-653315/amp?_twitter_impression=true

Esempio. I malati e morti in ospedale, per Influenza stagionale, spacciata per epidemia con Covid19/ Covi2/Sars... si sono ammalati e/o morti per:
L'intossicazione dei tessuti bronco polmonari (vie respiratorie, per via dell'inquinamento dell'aria, es. la pianura Padana o per i Vaccini TOSSICI ricevuti), ed alimentazione inadatta per i soggetti che si sono ammalati, hanno determinano stati di acidosi ed infiammazione e quando le cellule sono sotto stress ossidativo cronico, vanno in apoptosi (muoiono). (...)

I pazienti che sono morti, sono deceduti in ospedale per imperizia ed impreparazione dei medici, cure errate per le loro malattie pregresse e per i vaccini subiti in precedenza, specie nei ricoveri per anziani, che li hanno immunodepressi. (...)
Il Dr. Lanka (biologo e virologo) in Germania, alla Corte Suprema, in Stoccarda, sta aspettando che qualche ricercatore o medico vada a dimostrare con Assoluta Certezza, per poter ritirare € 100.000, denaro che ha messo a disposizione a qualsiasi persona, medici, ricercatori od altri, che possano dimostrare con certezza assoluta, l'esistenza del virus del morbillo... quale causa di esso.
Un medico ha tentato di farlo ma non vi è riuscito ed ha dovuto pagare anche le spese del tribunale... 3 gradi di giudizio). Ha... Ha... Ha...
Ai Vaccinatori, consigliamo di studiare biologia....
Per non avere sulla propria coscienza le morti e gli ammalamenti da Vaccino, vedi:

https://mednat.news/?s=danni+dei+vaccini
Inoltre ripeto, tutti i corpi viventi creano i "virus" di qualsiasi tipo, che provengono anche e non solo dalla morìa delle cellule dei tessuti corporei, soprattutto umani; noi produciamo ogni giorno Trilioni di virus: il Coronavirus o Covid19, proviene semplicemente dai tessuti polmonari di certi soggetti immunodepressi perché vaccinati o con malattie pregresse, e quindi non si eliminano mai. Pensate alle cretinate delle "mascherine" che non possono bloccare nessun "virus", essendo nanoparticelle auto-prodotte, oppure all'altra stupidata della sanificazione di mani e strade.... che generano altro inquinamento alla pelle con le relative irritazioni cutanee che producono, ed all'inquinamento ambientale dei terreni e delle falde acquifere !

Quanti soldi gettati via che creano malattie alle mani ed inquinamento delle falde acquifere, da questi poveri umani sottoculturati, cioè ignoranti, che fanno gravi danni.

Come il fatto di sospendere le attività basando tutto sulla PAURA del Nulla. (...)

Non esistono neppure le epidemie, esistono solamente ammalamenti di soggetti con tossine ed infiammazioni latenti, che nei cambi di stagione DEBBONO eliminarle, e questo ammalamento si chiama "influenza" del clima, sui corpi umani; infatti le influenze nascono al solstizio d'inverno (Dicembre) e scompaiono all'equinozio di prima-vera (Marzo).

Il resto sono BALLE inventate da Big Pharma ed i suoi uomini immessi nei posti chiave della Sanità, nel mondo intero e dei suoi rappresentanti, i medici allopati, per generare PAURA e sottomettere ai loro voleri e ricatti l'inerte ed ignorante popolazione mondiale.

https://mednat.news/epidemie.htm

https://mednat.news/epidemie2.htm
IN REALTÀ, quello che è successo in Italia od in altre nazioni del mondo, Trattasi di GOLPE (politico-militare-sanitario) con la scusa dei cosiddetti FALSI virus infettivi.... per fare, sulla

pelle dei popoli con la PAURA che incutono, i loro SPORCHI AFFARI.... di controllo ed eliminazione di certe persone scomode al sistema criminale esistente e di controllo anche finanziario..., oppure anche per non pagare le pensioni agli anziani che hanno ucciso con i sieri genici spacciati per vaccini per la sindrome Covid19, impoverendo le nazioni ove creano questa grande ed inesistente PAURA, che è il vero "virus" mentale che rovina le nazioni a loro sottomesse o schiavizzate con il ricatto: se ti Vaccini non dovrai più sottostare alle imposizioni.....

Vaccini che questi CRIMINALI producono e vendono, con l'imposizione di leggi dell'obbligo vaccinale, come già quelle emanate ed attuate sui poveri bambini, che ormai sono stati resi malati perché immunodepressi, allergici, o ammalati di qualsiasi tipo di virus od uccisi con i Vaccini = vedi Sids e Sads.

Oggi si parla tanto di "carica virale".
Ma come si determina la "carica virale". ??? Con quale apparecchiatura scientifica, la si determina....????
In realtà lo si fa, scrivendo o dicendo dei numeri a caso...
Perché non esistendo nessuna infettività virale, non vi può essere quindi nessuna carica virale.... essendo i virus/esosomi, solo sostanze INERTI !
Altro fatto, i vari virus/esosomi, ovvero il materiale genetico che trovano nei tamponi (96% di falsi positivi) o con esami clinici di laboratorio, barando sui risultati della PCR creano "virus" diversi (e siccome i medici impreparati non capiscono come mai sono diversi, parlano di mutazioni virali, che sono inesistenti) e/o co-determinano diversi sintomi, esempio sulla pelle o nelle mucose...o nei tessuti dei vari organi...
Ogni apoptosi cellulare crea virus/esozomi, per la disgregazione dei mitocondri e dei loro nuclei.

Esempio:
Non è che il "virus morbillo" (di cui non si è ancora dimostrata la sua patogenesi né la sua esistenza – vedi cosa spiega il

biologo dr. S. Lanka) colpirebbe un organo con un tipo di sintomo sulla pelle (foruncolini rossi) e/o quello della varicella un altro organo con un altro tipo di sintomo, sempre sulla pelle (bollicine bianche), oppure idem per la rosolia, ecc.; in realtà è il CONTRARIO ciò che avviene, ovvero sono i tessuti dei vari organi che nelle apoptosi cellulari creano per disfacimento cellulare sia i "virus" diversi che i vari sintomi che vedono sulla pelle ad esempio, che i medici che ignorano questi FATTI, chiamano con i vari nomi delle "malattie", ovvero: polio, vaiolo o varicella, morbillo, rosolia, pertosse, meningite, influenza, aviaria, sars, suina, covid19, ecc., e che in realtà sono i sintomi del tentativo del corpo di eliminare attraverso pelle e/o mucose (organi principali emuntori), le infiammazioni viscerali, soprattutto quelle intestinali, sempre presenti nell'ammalato.

I VIRUS PATOGENI NON ESISTONO !

Tutto ciò che gli "enti a tutela della Salute" (si ma dei fatturati di Big Pharma), hanno insegnato fino ad ora sui Virus, sono solo MENZOGNE !

Se i medici capissero la salute, e l'eziopatogenesi dei vari sintomi dell'unica malattia = l'ammalamento, non brancolerebbero nel buio per una semplice influenza stagionale come la falsa epidemia che hanno gestito per incutere paura alla popolazione mondiale, per far si che questa invochi i Vaccini per farsi iniettare, con il proprio consenso, prodotti nanotecnologici TOSSICI che li renderanno degli automi sempre ammalati !
I Somatidi, gli Esosomi/virus, e particolarmente i nostri microbi, ritrovati anche nel sangue con opportune analisi, sono polimorfici e sono utilissimi, anzi indispensabili, per rimuovere l'infiammazione ed i RIFIUTI dei tessuti danneggiati.
Per QUESTO MOTIVO TROVANO queste PARTICELLE di RIFIUTI, che NON sono la causa, ma sono l'effetto

dell'ammalamento. Le mosche vanno nella spazzatura, ma non sono la causa dei rifiuti.

La teoria dei germi è falsa!

Leggete Virus Mania, Bechamp vs Pasteur (Hume) e la teoria dei germi d'addio per iniziare la vostra rieducazione.

Il *sistema immunitario* è stato chiamato così solo per descrivere il sistema linfatico. Tutto il nostro corpo, OGNI COMPARTIMENTO, ha un sistema di difesa *RUN BY MICROBES*.

Il nostro corpo ha 3 volte più cellule microbiche delle nostre cellule PROPRIE.

I germi non sono la causa, sono il RISULTATO.

Cellule Pleomorfe nel Sangue:

https://www.ncbi.nlm.nih.gov/pmc/articles/PMC154583/

Quello che sta succedendo oggi e qui, è un *TAKE OVER* per le nostre libertà! Ci hanno preparato questo grande imbroglio! Vi prego di capire che non siamo nemici l'uno dell'altro ! SONO LORO il NEMICO, non i microbi, nostri angeli custodi ! E ci hanno mentito per centinaia di anni.

Quello che dicono: "Un metro e mezzo di distanza l'uno dall'altro" è per il software di riconoscimento facciale dell'A.I. (Intelligenza Artificiale) ed è anche per indebolirci e farci a pezzi.

Il campo elettrico del cuore è di 6 piedi. Noi ci sentiamo attraverso il campo del cuore !

Questo è per disconnetterci l'uno dall'altro e farci temere l'invisibile:

https://www.heartmath.org/research/science-of-the-heart/energetic-communication/

Ricerca il Rockefeller prende il controllo della medicina e il Rapporto Flexner.

I medici sono la terza causa principale di MORTE !

(...o forse la prima? NdA)

Nel 2000, la dottoressa Barbara Starfield ha pubblicato uno studio che rivela che i medici sono la terza causa principale di morte negli Stati Uniti, uccidendo circa 225.000 pazienti ogni anno.

Secondo un nuovo studio, gli errori medici uccidono circa 250.000 americani ogni anno, confermando che la medicina moderna è ancora la terza causa di morte negli Stati Uniti.

Il CDC non raccoglie o pubblica informazioni relative ad errori medici o a decessi attribuiti a cause iatrogene.

I ricercatori esortano il CDC a includere la codifica degli errori medici sui certificati di morte".

Il malvagio, il CDC sta gonfiando i numeri:

"Rilasciata il 24 marzo, la guida dice agli ospedali di elencare il COVID-19 come causa di morte, indipendentemente dal fatto che ci siano o meno test effettivi per confermare che sia così".

https://thefederalist-gary.blogspot.com/2020/04/padding-numbers-cdc-says-list-covid-as.html
https://www.thegatewaypundit.com/2020/04/cdc-tells-hospitals-list-covid-19-cause-death-even-assumed-caused-contributed-death-lab-tests-not-required/

https://www.lewrockwell.com/2020/03/no_author/cdc-admits-in-federal-court-they-have-no-evidence-vaccines-dont-cause-autism/

https://childrenshealthdefense.org/advocacy-policy/cdc-corruption-deceit-and-cover-up/

L'OMS è gestita da un genocida, non è un vero medico ed è stata colta in passato a fingere pandemie:

https://healthcare-in-europe.com/en/news/european-parliament-to-investigate-who-pandemic-scandal.html

Il MOMENTO di SVEGLIARSI È ADESSO.

https://realrawfood.com/sites/default/files/article/CONTAGIOUS%20DISEASES%20and%20the%20GERM%20THEORY.pdf

https://wakeup-world.com/2016/05/13/a-brief-history-of-the-rockefellerrothschild-empire/

http://theinfectiousmyth.com/book/CoronavirusPanic.pdf

https://steemit.com/health/@johnblaid/
gli inconvenienti della pandemia del coronavirus

https://www.thebernician.net/the-deception-of-virology-vaccines-why-coronavirus-is-not-contagious-2/

Altre risorse importanti: Virus Hoax:

https://peripheralmind.blogspot.com/2020/03/viruses-do-not-exist-virus-hoax-created.html

Robert O Young:
https://phoreveryoung.wordpress.com/2020/02/12/do-germs-like-the-coronavirus-cause-disease/

Libro "Mito del Virus":
http://www.virusmyth.com/aids/index.htm

Libro "Addio alla teoria dei germi":
https://saynotovaccines.org/2018/09/12/good-bye-germ-theory-is-now-in-audio-book-listen-to-the-first-chapter-here-for-free/

PRENOTA Bechamp o Pasteur:

https://archive.org/details/bechamporpasteur00hume_0/page/20/mode/2up

SPIEGA COME i VIRUSI NON si PRENDONO da PERSONA a PERSONA.
https://www.youtube.com/watch?v=NcS60a9cdg4

L'aspirina è stata l'assassina della pandemia influenzale del 1918:
https://www.sciencedaily.com/releases/2009/10/091002132346.htm

Tosse chimica:
https://www.geoengineeringwatch.org/cases-of-chemtrail-cough-exploding-nationwide/

Agenda 21/2030
https://www.bibliotecapleyades.net/sociopolitica/sociopol_agenda21.htm
Lanka: https://www.bitchute.com/video/hTETvlWL-Wg/

Problema delle analisi PCR:
https://www.yummymummyemporium.org/blog/pcr-tests-magic-show-not-science

Ipnosi televisiva:
https://stillnessinthestorm.com/2020/02/disclosure-television-scientifically-proven-to-be-a-tool-of-hypnosis-subliminal-control-confirmed-by-us-patents/

Problema, reazione, soluzione – Hegelian Dialectic:
https://healingoracle.ch/2020/03/26/the-introduction-of-5g-digital-microchips-and-enforced-vaccines-are-now-going-unchallenged-thanks-to-the-coronavirus/

Prenota Il Mito Infettivo:

http://theinfectiousmyth.com/book/CoronavirusPanic.pdf

Prenota Virus Mania: http://whale.to/a/virusmania.html

Problemi con i postulati:
https://www.ncbi.nlm.nih.gov/pmc/articles/PMC2595276/

The "Myth Of Contagion", una discussione con T.C. Fry
https://youtu.be/_-_HoE-dRv0

Stupefacente Polly:
https://www.youtube.com/results?
search_query=amazing+polly

Video che, anche se ha imprecisioni sui Virus/esosomi
(particelle inerti), fornisce una sintesi breve di ciò che accade in
queste epidemie INVENTATE e l'impreparazione dei medici
ospedalieri:
https://www.facebook.com/francesco.p.russo.98/videos/3054
932181241642/

Covid-19_ilVaccino-cheVerrà – By https://www.corvelva.it/

Sonoro del dott. Francesco Oliviero che descrive bene cosa sono
i virus:
Francesco_Oliviero_medico – www.francescooliviero.it

**Tutti i video su Youtube, che parlano su questo tema,
vengono CENSURATI, hanno PAURA della
Verità.....tutto deve seguire il pensiero unico....**

In sintesi:

I virus, cioè gli esosomi, non producono infezione, sono
sostanze indispensabili alla perfetta salute perché

informatizzano e resettano le cellule malate (stress ossidativo), quelli invece che trovano con i tamponi sono virus/esozomi derivanti dal ricambio cellulare e/o dalla morte cellulare dei vari tessuti infiammati per le intossicazioni presenti, e quindi sono semplicemente inerti, al massimo intasano il sistema linfatico, se il soggetto non riesce ad eliminarli dalle vie emuntorie normali, oppure vengono immagazzinati nei grassi dei tessuti.

E per finire: Chi lo ha visto il virus Covid19 ?

https://pattoverascienza.com/coronavirus-covid19-chi-lha-visto-by-antonio-miclavez-medico/

Il "MITO" del CONTAGIO – PDF: The_Contagion MITH_W

I virus/esozomi di RNA e DNA possono produrre campi elettromagnetici misurabili e possono essere trasmessi attraverso onde elettromagnetiche e acqua. Il teletrasporto virale del DNA e dell'RNA è una possibilità e può creare problemi agli esseri viventi. Nella gigantesca nube di calcolo dei quantili biologici nello spazio interstellare possono proiettarsi attraverso onde elettromagnetiche e gravitazionali sulla Terra e creare problemi agli esseri viventi.
I segnali elettromagnetici dei virus del DNA e dell'RNA possono essere impressi nel plasma umano e nelle secrezioni creando la diffusione di virus e la generazione di copie virali dall'azione dell'enzima polimerasi.

https://www.researchgate.net/publication/344239681_DNA_and_RNA_Teleportation_and_Viral_Pandemics

Commento NdR:

Tutti i virus/esosomi a DNA od RNA emettono e ricevono segnali ElettroMagnetici precisi, che servono per farsi riconoscere dalle cellule del corpo, affinché se li importino dentro per aggiornarsi ed auto-ripararsi dallo stress ossidativo nel quale sono precipitate, per vari motivi: alimenti inadatti, vaccini, farmaci, aria inquinata, radiazioni, ecc., in un determinato tessuto.

Quindi significa che questi segnali possono essere trasmessi anche via etere, ma occorre poi che le cellule li ricevano, li decodifichino e li riproducano in esse.... se il sistema immunitario funziona non succede nulla, altrimenti possono interferire con le normali funzioni cellulari.

Ma ricordiamo che i cosiddetti "virus" sono in realtà gli esosomi/vescicole che sono creati dalle cellule stesse per il fabbisogno del corpo sano.

Quindi l'interferenza che proviene dall'esterno non può creare od alterare i virus/esozomi endo prodotti, a meno che non siano accompagnati da irradiazione a livello atomico.

Ricordate che il materiale che prelevano con i tamponi non ha nessun valore indicativo, perché lo ricordo, quel materiale genetico prelevato da esso NON è specifico e non può indicare nessun virus a scopo diagnostico !... Lo ha detto a chiare lettere Karl Mullis che ha perfezionato questa tecnica (tampone) abbinata a quella chiamata RT-PCR che dà il 95% di falsi positivi.... e che dopo questa rivelazione è stato ucciso ....

A riconferma di tutto ciò:

Questa è la terza mail inviata, perché le altre due inviate già da tre mesi, sono rimaste inevase, a questi microbiologi universitari, e che per ora al 14/12/2021, non hanno ancora risposto alle mie domande, qui sotto riportate.

Questi i destinatari, autori dell'articolo che mi ha stimolato a scrivere loro: kimsunghanmd@hotmail.com; gili.regev@sheba.health.gov.it

Questa è la terza richiesta (le altre due sono rimaste inevase)

*che vi faccio a voler rispondere per cortesia e scientificamente
su questi argomenti IMPORTANTI*

Ho letto il vostro articolo pubblicato su:
https://www.nejm.org/doi/full/10.1056/NEJMc2113497

*Sono a porvi delle importanti domande sul tema specifico,
spero possiate rispondere in modo appropriato e scientifico:*

*1 – Chi e come è stato certificato e dimostrato scien-
tificamente, che i soggetti vaccinati avrebbero "contagiato via
aria" e veramente altri soggetti ?*
*Potete fornirmi i dati sulla ricerca scientifica che lo
dimostrerebbe in modo inequivocabile, e non sia una idea
solamente proveniente dalle ideologie insegnate nel mondo
intero sul supposto contagio/infettività dall'aria, fra soggetti
umani dall'aria, come si diceva nel medioevo, "la peste è
nell'aria"…. ?*

*2 – Dato che le proteine virali a contatto con l'ossigeno
dell'aria si ossidano, si decompongono e diventano sostanze
inerti, quindi non possono rimanere intatte in aria, come
farebbero allora a "contagiare" un altro soggetto, non
potendo essere inspirate nella loro forma integrale e supposta
viralità ?*

*3 – Inoltre i virus/esosomi, (essi sono la stessa cosa, sono
indistinguibili fra di essi anche al microscopio elettronico),
sono proteine complesse create dall'organismo (cellule sane)
per informatizzare le cellule del corpo quando queste si
ammalano, per intossicazione o malnutrizione cellulare o
sostanze vaccinali*
*o farmaci od alimentazione (acqua e cibo) inadatta, vanno in
stress ossidativo, quindi queste proteine virali (virus/esozomi)
che sono i nostri angeli custodi della buona salute, come
potrebbero infettare ? Infatti non esiste NESSUNO studio al*

mondo che certifica e dimostra il passaggio di virus/esosomi via aria, che possano infettare un altro soggetto...

Infatti tutti i soggetti che si ammalano, sia che siano a "contatto o meno" con malati, si auto ammalano, non vengono mai "contagiati", lo sono per i vaccini che subiscono e/o per le influenze stagionali che periodicamente obbligano una piccola parte dei corpi umani, alla eliminazione degli stati infiammatori viscerali, creando la febbre benefica e salvifica, per riportarli in salute !

Il meccanismo scatenante questi ammalamenti periodici (che sono le note influenze stagionali), sono gli sbalzi di temperatura ed ionizzazione dell'aria stessa, che per risonanza alterano quelli dell'acqua corporea, della quale sono composti tutti gli esseri viventi, inducendo in una piccola parte della popolazione umana (circa il 5%), fattori di eliminazione delle latenti infiammazioni viscerali attraverso anche la pelle, inducendo la salvifica febbre...

chiamata giustamente, influenza del clima stagionale.

4 – Le flügge sono le bollicine di vapore acqueo che fanno parte dell'atmosfera e sono composte da acqua, per cui la domanda:

come fanno i virus, che sono proteine di lipidi (grassi) a legarsi ad esse (acqua) per poter viaggiare nell'aria, in quanto i grassi e l'acqua NON si legano MAI ?

Inoltre le flügge sono 1.000 volte più piccole del più piccolo virus... quindi è impossibile per queste due ragioni specifiche, che le flügge possano veicolare i virus dall'aria che, come già detto, essendo proteine vi è anche l'ossigeno dell'aria che li ossida aiutato anche dai raggi solari (specie gli UV) che le renderebbero sostanze inerti, quindi MAI contagiose, ovviamente se fossero nell'aria, cosa impossibile !

5 – Inoltre è stato confermato, e per iscritto, da molti stati del mondo, da parte dei loro Ministeri della sanità e dai CDC (US), che non sono in possesso dell'isolamento e sequenziamento completo del virus Sars-cov2 , quindi di cosa parliamo? A quanto pare questo virus è stato creato al computer per poter ottenere il brevetto..... ma in natura NON esiste veramente....

Quello che dicono di trovare nei tamponi, che hanno fra parentesi il 95% di falsi positivi, (come ben dichiarato da Mullis il creatore della PCR), è solo del materiale genetico rilevato/prelevato con i tamponi orofaringei, da tessuti malati ed è materiale genetico indifferenziato e per di più le macchine per la PCR, sono "tarate" appositamente per rilevare i supposti virus che "vogliono trovare", forniscono quel tale o tal altra porzione di virus (mai lo trovano intero) a seconda dell'interesse opportunistico e NON della scienza vera....

Inoltre, questo prelievo orofaringeo con il tampone, è la certificazione che si tratta di conseguenza e non della vera causa (il supposto "virus trovato") di infiammazione di quel tessuto, (cellule sotto stress ossidativo o già morte) dal quale, con il tampone è stato prelevato il materiale genetico indifferenziato, che potrebbe appartenere anche ai batteri presenti nel tratto orofaringeo.....
Conclusione:

NON esiste MAI nessuna possibilità di contagio od infezione dall'aria! Quindi da queste semplici e comprensibili informazioni, si deduce che il vostro studio non certifica e dimostra NULLA !
Attendo vostra sollecita risposta scientifica, NON statistica, che possa dimostrare e certificare la presunta "contagiosità" dei virus/esosomi dall'aria.

Se non rispondete, sarà mia premura diffondere nel web le vostre NON risposte.... e se rispondete, diffonderò nel web la vostra risposta.
Grazie e buon lavoro

dr. Jean Paul Vanoli
Giornalista Investigativo e consulente dei siti:
https://mednat.news e https://pattoverascienza.com
Sintesi sulla parola Virus:

Alla fine dobbiamo, per essere precisi, dire che i "virus" tossici (GM) sono SOLO quelli sintetici presenti nei vaccini, qualsiasi, anche quelli pediatrici, che sono esclusivamente creati dai e nei laboratori militari e in quelli di Big Pharma, "virus" tossici sintetici, che sono propinati per mezzo dei Vaccini, alla IGNORANTE popolazione, medici, biologi, scienziati, ricercatori compresi, perché i "virus" che ammalano in natura NON ESISTONO.

Quindi ricordiamoci: i "virus" tossici sono sempre sintetici, creati come bombe a tempo ed inseriti nei Vaccini per ammalare od uccidere. La Natura non fa queste cose criminali.

Vedi qui altre prove del NON isolamento dei Virus:
https://mednat.news/2023/10/17/26924/

Scott Gottlieb

A sinistra l'ex commissario della FDA incaricato di regolamentare Pfizer.

A destra l'attuale membro del Consiglio di Direttori di Pfizer.

Stephen Hahn

A sinistra l'ex commissario FDA incaricato della regolamentazione di Moderna.

A destra c'è l'attuale Chief Medical Officer di Flagship Pioneering - la società di venture capital dietro Moderna.

James C. Smith

A sinistra c'è il CEO di Reuters incaricato di informare le persone sui vaccini COVID-19.

Sulla destra c'è un attuale membro del Consiglio di Amministrazione di Pfizer.

Anthony Fauci

A sinistra è il direttore NIAID sotto il National Institutes of Health.

A destra c'è il finanziatore della ricerca sulle armi biologiche sul guadagno della funzione dei coronavirus di pipistrello all' Istituto di virologia di Wuhan.

LaVerità

VALLEVERDE
VALLEVERDE
VALLEVERDE

Anno VIII - Numero 194   *Quid est veritas?*   www.laverita.info · Prezzo in Italia euro 1,50

QUOTIDIANO **INDIPENDENTE** ■ FONDATO E DIRETTO DA **MAURIZIO BELPIETRO**   Domenica 16 luglio 2023

QUINDI ESISTONO...

LA FRANCIA PAGA PER I DANNI DA VACCINO

Parigi comunica i risarcimenti per i cittadini colpiti da disturbi dovuti alle punture anti-Covid: in maggioranza sono miocarditi e pericarditi, poi ictus e problemi neurologici. Pure Germania e Austria hanno compensato gli effetti collaterali delle campagne

In Italia il tema resta tabù. E si discute ancora sulla revoca dell'isolamento dei positivi

---

di PATRIZIA FLODER REITTER

■ In Francia, già 72 persone hanno ottenuto una compensazione per danni avvenuti dalla vaccinazione anti Covid. Il dato è stato fornito alla commissione Affari sociali del Senato francese da François Toujas. (...)

segue a pagina 11

SALARIO MINIMO & C.

LA FORNERO NON PUÒ DAR LEZIONI SUI POVERI

di MAURIZIO BELPIETRO

■ Per un anno e mezzo Elsa Fornero è stata ministro del Lavoro e delle politiche sociali. Nessuno, prima che Giorgio Napolitano le assegnasse il delicato incarico, l'aveva mai nemmeno sentita nominare, ma credo che oggi tutti se la ricordino, con le lacrime agli occhi. Non le sue, ma quelle piante dagli italiani quando capirono che sarebbero andati in pensione molto più tardi di quanto avessero previsto. Di certo ne hanno memoria le decine di migliaia di lavoratori che scoprirono sotto l'albero di Natale il pacco-dono della signora, la quale con un colpo (...)

segue a pagina 5

Elly schiera il Pd:
«Contro l'autonomia»
E il Pd la smentisce

MARIO GIORDANO a pagina 4

IL PRECEDENTE DEL '17

Ma Mattarella ha cambiato idea sulle bombe a grappolo?

di FRANCESCO BORGONOVO

■ Non si può dire che Giorgia Meloni sia stata timida nel mostrare sostegno all'Ucraina e alla sua azione militare. Eppure, qualche giorno fa - quando si è trattato di esprimersi sull'invio di cluster bombs (le famigerate bombe a grappolo) a Kiev per tentare di dare una spinta alla fiacca controffensiva giallo azzurra - è stata chiara e ferma: da quelle armi prendiamo le distanze. «L'Italia aderisce alla Convenzione internazionale che vieta la produzione, il trasferimento (...)

segue a pagina 15

Le incredibili bugie dei «terroristi» del caldo

A Roma cadono tre alberi: l'assessore tira in ballo il clima. Pur di imporre le follie della transizione vale tutto: ogni giorno è «il più caldo della storia». E si dà la colpa alla gente anziché agire sugli effetti del riscaldamento

---

LE INDAGINI SUL CASO DI LA RUSSA JR

Nuovi testimoni dagli inquirenti:
sentito lo psichiatra della ragazza

di GIACOMO AMADORI

■ L'inchiesta sulla presunta violenza sessuale di cui è accusato Leonardo Apache La Russa procede con grande rigore, senza fughe in avanti e senza lasciare nulla al caso. I tempi dei giornali sono diversi da quelli degli investigatori e forse per questo sui quotidiani si leggono tante informazioni inesatte. Venerdì la Squadra mobile di Milano ha convocato in Questura il ventinovenne (...)

segue a pagina 9

---

di ALESSANDRO RICO

■ Il giorno più caldo. Il fine settimana più caldo. I morti del caldo. Gli oceani che cambiano colore - per il caldo. Il virus mortale africano, che compare in Europa, sempre per colpa del caldo. E, naturalmente, l'arrivo di Caronte, che infuocherà lo Stivale, con picchi andalusi in Sardegna: fino a 48 gradi. (...)

segue a pagina 3

GAFFE O LAPSUS FREUDIANO?

La vice di Biden si tradisce: «Noi lavoriamo per ridurre la popolazione»

GIORGIO GANDOLA   a pagina 16

LA STATISTICA

Tre reati al centro del dibattito: 0,3% dei processi

FABIO AMENDOLARA
a pagina 7

"OGM tossici e cancerogeni":
uno studio francese lancia l'allarme

di Matteo Marini 24-09-2012

Il mais OGM è altamente tossico, provoca tumori e morti premature. Queste le conclusioni di uno studio francese condotto su 200 ratti. Il sospetto dei ricercatori è che gli organismi geneticamente modificati possano fare male anche agli esseri umani.

"Fanno male gli OGM? Questa sera a Kazzenger ne parleremo con un popcorn che al cinema si è mangiato uno spettatore", con questo interrogativo si apriva una puntata di Kazzenger, parodia di Maurizio Crozza. Il comico genovese, naturalmente, scimmiottava il più noto programma Voyager, condotto da Salvatore Giacobbo.

E se riuscissimo a rispondere a questa semplice battuta?

Uno studio francese infatti, portato avanti da Gilles-Eric Seralini (ricercatore di biologia fondamentale e applicata all'Università di Caen) e che uscirà mercoledì 26 settembre in tutta la Francia, evidenzia come gli OGM abbiano un effetto tossico sugli animali e probabilmente anche sull'essere umano. Tale ricerca (Long term toxicity of Roundunp herbicide and Roundunp-tolerant genetically modified maize), è stata condotta per due anni su 200 ratti, divisi in 3 gruppi differenti ed ha valutato gli effetti del mais Nk 603 (la cui coltivazione è vietata in Unione Europea, visto che è geneticamente modificato) e del Roundup (un erbicida), il cui utilizzo è in genere associato a quel mais transgenico. Tutti e due i prodotti sono fabbricati dalla Monsanto. Il primo gruppo di ratti è stato alimentato con il mais Nk 603, prodotto con l'erbicida. Il secondo senza fare ricorso a quest'ultimo. Il terzo solo mais non geneticamente modificato, ma trattato con il Roundup. Le conclusioni sono agghiaccianti. Il gruppo alimentato con il mais geneticamente modificato, prodotto con il Roundup, ha cominciato a manifestare dal tredicesimo mese delle patologie

gravissime (enormi tumori delle ghiandole mammarie nelle femmine e malattie dei reni e del fegato nei maschi).
L'incidenza, rispetto al gruppo nutrito con mais non transgenico, è stata di cinque volte superiore. Séralini sottolinea – nel corso di un'intervista al Nouvel Observateur – come, sostanzialmente: "La mortalità è molto più rapida e forte nel caso del consumo di entrambi i prodotti di Monsanto [...] Le conclusioni del nostro studio [...] ci portano a pensare che (queste sostanze, ndr.) siano tossiche anche per l'uomo. Diversi test che abbiamo effettuato su cellule umane vanno nella stessa direzione [...] Sono almeno quindici anni che gli OGM vengono commercializzati. È davvero un crimine che finora nessuna autorità sanitaria abbia imposto la realizzazione di studi di lunga durata". Per ciò che riguarda le varietà transgeniche con l'approvazione alla coltivazione, nell'Unione Europea sono solo due: il mais Mon 810 (sempre della Monsanto) e la patata Amflora di Basf anche se solo il primo (il Mon 810) è davvero coltivato nella Ue (l'80% della superficie totale è in Spagna). Altri 44 prodotti OGM sono stati autorizzati da Bruxelles per la commercializzazione, come il mais Nk 603, al centro dello studio. Per adesso però, non sono di propria produzione e vengono utilizzati solo per alimentare il bestiame come i bovini. Su questo punto Joel Spiroux, collega e collaboratore di Séralini, ci tiene ad esser chiaro: "i bovini sono abbattuti troppo presto perché si possano riscontrare gli effetti negativi degli alimenti transgenici sul lungo periodo. La speranza di vita di questi animali è compresa fra i 15 e i 20 anni, ma ormai vengono abbattuti a cinque, tre anni , 18 mesi o anche in precedenza". Le reazioni da parte delle istituzioni, come ci racconta il Sole 24 Ore, non si sono fatte attendere. John Dalli, portavoce del commissario europeo alla Salute, ha subito messo le mani avanti, affermando che l'Efsa (Autorità di sicurezza alimentare nazionale ed europea) è già stata allertata e sarà sollecitata a produrre una sua valutazione del nuovo studio e solo successivamente, l'Esecutivo Ue "prenderà provvedimenti". Si profila quindi un 'no' secco alla richiesta, da parte di

diversi governi, di sospendere le autorizzazioni attuali di OGM in Europa.

TRANCIO FRUTTA MISTA

Come inserire veleni nel corpo facendoli passare per "dolci"?

Avete mai letto sull'etichetta cosa contiene un trancio di torta acquistato al supermercato?
Ho acquistato (e purtroppo anche mangiato) un trancio di torta ed ho voluto approfondire la conoscenza di tutti questi ingredienti così "strani".
Vi mostro in dettaglio quello che c'è scritto sull'etichetta:

TRANCIO FRUTTA MISTA

Ingredienti:
Fragole, kiwi, lamponi, pesche e ananas allo sciroppo (acqua, zucchero, sciroppo di glucosio-fruttosio, correttore di acidità acido citrico, antiossidante acido L-ascorbico)
gelatina fragola (zucchero, acqua, sciroppo di glucosio-fruttosio, gelificante (pectina), acidificante (acido citrico) conservante (sorbato di potassio), aroma, colorante E120)
crema (latte scremato, zucchero, amido modificato E1414, siero di latte, latte scremato in polvere, uova, destrosio, grasso vegetale (cocco e palma), addensante (E401), sciroppo di amido, emulsionante (E472b), aroma, colorante (E160b, E101), pan di spagna (farina di grano tenero, zucchero, emulsionanti (E472b, E475), amido di mais, latte scremato in polvere, agente lievitante (fosfato di sodio, bicarbonato di sodio), sale, gomma addensante (xantano), aroma), semilavorato all'albicocca (sciroppo di glucosio-fruttosio, purea di albicocca (SO2), saccarosio, gelificante (E1442, E440i, E401), correttore di acidità (acido citrico, acido malico), conservante (E202), aromi).

E questa era la nostra bella etichetta con scritte stampate in piccolo, di modo che solamente i più oculati possano riuscire a leggere tutto questo contenuto... Ma dietro a tante sigle o nomi poco conosciuti, vediamo ora cosa sono realmente questi ingredienti così numerosi e vari...

E120 - cocciniglia, acido carminico, vari tipi di carmino, sono coloranti naturali ottenuti da un insetto, il Dactylopius coccus (cocciniglia), che vive a spese di una specie di cactus (Napalea coccinillifera) presente in Perù e nelle Isole Canarie. L'estrazione del colore carminio avviene dalle uova essiccate dell'insetto (si ottiene allora il cosiddetto estratto coccineale) oppure facendo essiccare direttamente l'insetto (si ottiene una sfumatura del colore più intensa e brillante).

È importante sottolineare come l'origine naturale di un prodotto non sia sempre garanzia di buona tollerabilità da parte dei consumatori. È proprio il caso di questi coloranti, che possono provocare, in soggetti sensibili, reazioni allergiche che vanno da eruzioni cutanee allo shock anafilattico.

I risultati delle ricerche sugli effetti collaterali a lungo termine sul sistema riproduttivo e sul metabolismo, comunque, non sono ancora disponibili, ma c'è il rischio che possa essere cancerogeno; quindi per prevenzione primaria è sconsigliata la somministrazione del colorante cocciniglia ai bambini.

AMIDO MODIFICATO

Poco conosciuto, l'amido modificato normalmente non desta preoccupazione nel consumatore, passando per lo più inosservato. In realtà non è una sostanza poi così innocua, e in alcune categorie di alimenti ne viene vietato l'utilizzo. L'E 1442, ad esempio, viene espressamente vietato negli alimenti per l'infanzia ma lo troviamo in alcune marche di yogurt: prodotto che, pur non essendo dichiaratamente un alimento per l'infanzia, viene sicuramente consumato dai bambini.

L'E 1442, come abbiamo già descritto, non è utilizzato nei prodotti per l'infanzia per la possibile presenza di PCH (propilene cloroidrina), residuo sospettato essere mutageno.

Studi recenti hanno inoltre dimostrato l'esistenza in alcune fasce della popolazione, di un aumentato livello di fosfato nella parete dei vasi sanguigni che potrebbe aumentare il rischio di malattie cardiovascolari e renali. Le conseguenze possono essere ossee: nei bambini può esserci la comparsa di rachitismo e ritardo nella crescita, negli adulti osteoporosi. Inoltre gli amidi modificati, tutti, sembra che elevino il contenuto calorico, diminuiscano la sua genuinità e il valore nutrizionale.

Sono ingredienti rivalutati dall'Autorità europea per la sicurezza alimentare, ma nessuno si è ancora pronunciato in merito alla messa al bando. D'altro canto l'Efsa ha stabilito che la dose giornaliera è accettabile ma non si tiene conto dell'esposizione al fosfato contenuto nell'additivo E1442.

L'Efsa: "Il colorante annatto non è sicuro". Ma è presente in molti prodotti alimentari.

Arriva una richiesta secondo il principio di precauzione da parte dell'Autorità europea per la sicurezza alimentare (Efsa) riguardo un colorante molto usato a livello alimentare in Italia e non solo. Si tratta dell'annatto, estratto naturale di una pianta molto diffusa nel centro e Sudamerica, conosciuta a livello industriale con la sigla E 160b. L'Efsa ha dichiarato di non essere in grado di valutare la sicurezza di alcuni estratti alimentari derivati dal colore annatto a causa della mancanza di dati, e ne ha raccomandato la sostituzione.

L'agenzia di Parma aveva ricevuto dalla Commissione europea la richiesta di rivalutare la sicurezza di diversi estratti derivati dai semi di "Bixa orellana" (questo il nome scientifico), un albero tropicale, a seguito di una richiesta del gruppo industriale, l'associazione per i coloranti alimentari naturali (Natcol), intenzionata ad estenderne l'applicazione ad altri utilizzi.

La colorazione del pigmento presente in annatto provengono dai carotenoidi bissina e norbissina. L'Efsa, così come riportato anche dal Diary Reporter, ha sottoposto ad esame cinque estratti di annatto che vengono elaborati in modi diversi. Il panel di esperti ha decretato che "Non ci sono conclusioni affidabili sul potenziale genotossico di estratti di annatto (E 160b) che si possano trarre dagli studi pubblicati disponibili, che usano metodi di prova qui non convalidati o soffrono di carenze metodologiche e segnalazione inadeguata". La precauzione riguarda nello specifico: solventi estratti da bissina e norbissina (E 160b (i)), estratti alcalinici da annatto (E 160b (ii)) e estratti di olio di annatto (E 160b (iii)), che è meglio sostituire con altri coloranti.

Quando non dev'essere usato lo Xantano?

Lo xantano o gomma di xantana è un prodotto abbastanza sicuro, ma esistono comunque delle controindicazioni:
E' anzitutto controindicata in presenza di certe terapie farmaco-logiche (in genere, non andrebbe mai assunta insieme a un farmaco o ad altri integratori), sensibilità allergica, intolleranze e patologie intestinali (malattie infiammatorie croniche, diarrea, sindrome del colon irritabile, resezioni intestinali ecc.)
E' bene ricordare che in certe situazioni, ovvero con la presenza di alcuni sintomi, è sconsigliata l'assunzione di qualunque lassativo che potrebbe peggiorare il quadro clinico od occultare una malattia grave. Questi sintomi sono: nausea, vomito, appendicite, feci dure e difficili da espellere (costipazione fecale), restringimento o blocco dell'intestino o dolore allo stomaco idiopatico.
E' responsabile di uno specifico rischio lavorativo: la valutazione degli operai esposti a questa polvere ha evidenziato un legame tra il prodotto e alcuni sintomi di tipo respiratorio.
Può essere nociva per i neonati: il 20 maggio 2011 la FDA (Food and Drug Administration) ha rilasciato un comunicato stampa riferito al "SimplyThick", un addensante alimentare contenente xantano o gomma di xantana.
L'avviso, riferito ai genitori, agli operatori e ai fornitori di articoli sanitari era di non nutrire i bambini con questo prodotto, per la mancanza di dati in merito all'eventuale impatto sulla salute dei più piccoli.

La preoccupazione consisteva nel fatto che il prodotto potesse causare Enterocolite necrotizzante (NEC) nei neonati prematuri.

Lo xantano o gomma di xantana dev'essere evitato in caso di terapia farmacologica in atto o concomitante utilizzo di integratori alimentari con finalità lassativa. Quest'ultima controindicazione non dipende da un'eventuale reazione chimica, ma dal rischio di attività sinergica tra lassativi, con comparsa di diarrea grave e malnutrizione.

Lo xantano o gomma di xantana può interagire anche con la terapia farmacologica contro il diabete. Riducendo l'assorbimento degli zuccheri, questo prodotto può favorire l'ipoglicemia.

Si consiglia di interromperne l'utilizzo almeno due settimane prima di qualunque intervento chirurgico, in quanto esiste la possibilità che possa modificare in qualche modo l'assetto glicemico anche nel medio termine.

SO2 = Biossido di zolfo o anidride solforosa.

È un gas irritante per gli occhi e per il tratto superiore delle vie respiratorie, a basse concentrazioni, mentre a concentrazioni superiori può dar luogo a irritazioni delle mucose nasali, bronchiti e malattie polmonari.

Anidride solforosa e solfiti: veleno legalizzato

Anidride solforosa e solfiti sono additivi conservanti utilizzati nell'industria alimentare. Nella lista degli ingredienti sono riconoscibili dalle sigle E220, nel caso dell'anidride solforosa, un gas, e dall'E221 all'E228 per i solfiti, che sono i sali dell'anidride solforosa. Questi ultimi sono più pratici da usare ma liberano anch'essi anidride solforosa per cui hanno gli stessi effetti sull'organismo.

Questo gruppo di additivi, molto discusso in termini di effetti sulla salute, ha le seguenti proprietà:

•antimicrobiche,

•antiossidanti e inibitrici dell'imbrunimento

•sbiancanti per zucchero e amido,

•anti enzimatiche,

che svolgono le importanti funzioni di:

•inattivare muffe, lieviti, batteri.

•preservare il colore dei cibi evitando l'imbrunimento.

•

Anidride solforosa:

Si tratta di un gas incolore e dall'odore irritante e soffocante, viene prodotta per combustione dello zolfo nell'aria. E' solubile in acqua, in natura si sviluppa come effetto dell'eruzione dei vulcani.

Effetti pericolosi sull'organismo: l'anidride solforosa fa male

Per l'uomo, ma anche per gli animali, è irritante per le mucose e per le vie respiratorie. Agisce come un veleno nel sangue, può inattivare la vitamina B.

La legge impone i dosaggi per l'utilizzo di questo additivo. Se questi vengono rispettati dall'industria alimentare, nei soggetti sani, l'anidride solforosa non dovrebbe provocare effetti gravi. Il problema è che, essendo molto utilizzata, la somma delle quantità contenute nei vari alimenti può portare ad un eccesso di assunzione. Questo può accadere frequentemente sia per la scarsa conoscenza del problema, sia perché non sempre viene indicata in etichetta (perché la legge non lo richiede se presente al di sotto di un certo limite). Vi pongo l'attenzione sui termini che ho utilizzato: soggetti sani. Chi soffre di allergie respiratorie o di gastrite, ad esempio, ha una maggiore sensibilità che aumenta i rischi degli effetti nocivi.

Disturbi tipi legati all'assunzione di anidride solforosa.

Tra i sintomi acuti più comuni, che mi è capitato di sperimentare personalmente:

•emicrania,

•attacchi di broncospasmo in chi soffre d'asma,

•mal di stomaco, anche vomito.

L'assunzione prolungata e spesso inconsapevole, può favorire lo sviluppo di una particolare sensibilità in alcune persone.

Anche a deboli dosi può avere i seguenti effetti, molto simili a quelli di un lento avvelenamento:

- faringite acuta
- perdita dell'odorato e del gusto
- forte acidità delle urine
- stanchezza e disturbi nervosi
- mal di testa

A molti di voi sarà capitato di accusare mal di testa dopo aver bevuto del vino scadente: ciò non dipende dall'alcool, ma dal fatto che l'additivo assunto (anidride solforosa o solfiti) è stato in eccesso rispetto alla capacità di smaltimento da parte dell'organismo.

Anidride solforosa, in quali alimenti si trova
Come additivo è usata in diversi ambiti, ad esempio:

- negli zuccheri per decolorare i succhi
- per la conservazione del mosto e del vino
- come conservante di birra e succhi di frutta
- negli analcolici contenenti succhi di frutta
- nelle carni insaccate
- nella frutta essiccata o disidratata o candita
- nel pesce e nei prodotti ittici, in particolare crostacei, baccalà e surimi (che non vi consiglio!)
- negli ortaggi sottolio, sottaceto e in salamoia
- nei funghi secchi
- nella senape

Aspetti nutrizionali
Nell'utilissimo libro di Marina Mariani e Stefania Testa: "Gli additivi alimentari", Macro Edizioni, si legge che "questo additivo demolisce la tiamina e la cianocolbalamina, due importanti vitamine del gruppo B conosciute come vitamina B1 e vitamina B12." Un altro buon motivo per fare molta attenzione.
I limiti di legge e i limiti della legge

La commissione sugli additivi FAO/OMS ha stabilito che la quantità giornaliera di solfiti accettabile è di 0,7 grammi per chilo di peso corporeo. Il problema è che essendo il loro uso molto diffuso in tantissimi alimenti, è molto facile superare questi limiti. Sempre nel libro citato si fa riferimento ad uno studio condotto in Italia ha verificato che il superamento della dose giornaliera accettabile avviene con una certa frequenza sia negli adulti che nei bambini! La legge, inoltre, non richiede l'indicazione obbligatoria della sua presenza per quantitativi inferiori ai 10mg per Kg o per litro.

Solfiti
L'impiego dell'anidride solforosa, essendo un gas, non è sempre tecnicamente possibile.
Per questo motivo vengono utilizzati i suoi sali, che in termini di effetti pericolosi sull'organismo sono comunque paragonabili al gas. Ecco le sigle da ricordare con i relativi nomi:
   •E221 sodio solfito
   •E222 sodio solfito acido
   •E223 sodio disolfito
   •E224 potassio disolfito
   •E226 calcio solfito
   •E227 calcio bisolfito acido
   •E228 solfito acido di potassio

Avvertenze importanti
Le persone affette da asma devono prestare particolare attenzione, a causa della maggior sensibilità dell'apparato respiratorio, specie se in cura con farmaci cortisonici. Ma anche i non asmatici possono rischiare i fastidiosi effetti elencato sopra, ma anche riniti, eczemi, orticaria, dissenteria fino ad arrivare al temibile shock anafilattico.
Il nostro organismo ha la capacità di smaltire le sostanze nocive, ma ha dei limiti sulle quantità che può gestire. Con l'alimentazione dei giorni nostri è molto facile assumere un

eccesso di sostanze che ci fanno male: additivi, zucchero, sale, sono presenti ovunque. Come potete intuire, ci sono alcune cose di fondamentale importanza:

•documentarsi a fondo, si tratta della nostra salute!

•informarsi prima di acquistare il cibo

•ascoltarsi: molti dei malesseri dei giorni nostri dipendono dal cibo che mangiamo: quando ci viene un mal di testa, una reazione cutanea, un problema di intestino, chiediamoci cosa abbiamo mangiato.

Bisognerebbe poi chiedersi come mai mettano del colorante "carminio" in un trancio di torta che si presenta di colore giallo? E come mai il colorante "annatto", dato che il trancio acquistato aveva come unico "colore" una fetta di ananas? Senza il colorante giallo "annatto" questa fetta di ananas sarebbe stata bianca o verde anziché gialla?

C.R.A Agricoltori traditi · Segui
20 h · 🌐

Gli insetti contengono CHITINA che non può essere elaborata dal nostro intestino. La chitina è un polisaccaride altamente appetibile per cancro, parassiti, funghi e qualsiasi cosa causi malattie. La chitina fa parte della sua costruzione. Gli insetti contengono anche steroidi metamorfici, in particolare ECDISTERONE. Non è un alimento per mammiferi. Solo gli uccelli possono elaborare in sicurezza il cibo a base di insetti. L'apparato digerente degli uccelli è completamente diverso dal nostro. Ora sai perché vogliono che mangiamo gli insetti. È chiaro ?

Gli umani sono frugivori

Ci hanno sempre fatto credere che noi umani saremmo onnivori. Ma sarà vero? Le nostre madri ci dicevano che dovevamo mangiare carne per diventare grandi e forti, le nostre insegnanti a scuola idem, il medico idem, in TV gli esperti dicono sempre questa cosa, e molti sportivi pure hanno confermato che mangiano anche la carne. Quindi gli umani sarebbero davvero onnivori?

Eppure, se guardate tutti gli animali onnivori, non hanno le caratteristiche degli esseri umani. Non hanno un intestino così lungo rapportato alla propria altezza, non hanno un PH come quello umano ma molto più acido. Inoltre hanno denti per strappare la carne ed artigli che gli umani non hanno.
Mangiare carne rende il PH dello stomaco e dell'intestino umani troppo acido rispetto al valore naturale e ciò procura una serie di problemi che si trasformano in malattie gravissime come tumori, alzheimer, osteoporosi, demenza e via dicendo.

Infatti gli umani molto spesso, quando mangiano carne, la mangiano aggiungendo una serie di verdure e condimenti per rendere la carne più digeribile. E questo proprio perché non è un cibo adatto al corpo umano. Inoltre la insaporiscono in svariati modi sempre per renderla gradevole. Per non parlare poi degli additivi, nitrati e nitriti, che mettono nella carne per renderla umanamente "accettabile".
Cosa che gli animali onnivori non hanno bisogno di fare. Gli animali onnivori mangiano la carne senza il problema di doverla trattare con sostanze chimiche, senza aggiungere spezie per insaporirla o verdure per renderla digeribile.

Senza contare poi che la questione del mangiare carne è stata introdotta dal satanismo, ovvero da quando gli esseri malvagi da cui discendono gli umani hanno cominciato a rubare energia ai cadaveri dei corpi per poterne ricavare qualcosa che loro avevano perso, ovvero le capacità mistiche. È vero che questo aspetto risiede nella notte dei tempi, sta di fatto che gli umani che si nutrono di soli vegetali generalmente stanno benissimo e sono in piena forma, molto più di quelli che si nutrono di cadaveri.

Per non parlare poi delle sofferenze a cui gli animali vengono sottoposti per poter diventare il piatto di qualche persona disinformata. Subiscono prigionie e torture indicibili e vengono riempiti spesso anche di cibo tossico e veleni. Tutte cose che poi entrano nel corpo ignaro degli umani che li mangiano credendo di mangiare qualcosa di "buono" e di "sano".
Inoltre tutte le memorie di sofferenza e morte di questi animali vanno ad inglobarsi nella mente delle persone che se ne cibano, ignare di cosa queste memorie gli procureranno nella vita. Niente di buono, naturalmente.

E la bugia sulle "proteine nobili"? Una delle tante bugie che ci hanno inculcato. Gli aminoacidi che compongono le proteine sono sempre gli stessi, sia negli animali che nei vegetali. Solo che i vegetali non portano le stesse memorie di tutto quel dolore a cui sono stati sottoposti gli animali da allevamento per essere mangiati.
Mangiare cereali oppure legumi oppure frutta secca ha anche altri vantaggi. Infatti questi contengono anche carboidrati e grassi buoni, cose che la carne non contiene.
Infine, tutte le vitamine e minerali che la carne non contiene, sono invece presenti nei vegetali.
Ricordo inoltre che per una corretta alimentazione bisogna mangiare alimenti il più possibile naturali, integrali e crudi quando possibile. Eliminare zucchero raffinato, farine raffinate e tutti gli alimenti troppo cucinati e alimenti industriali che contengono ingredienti con sigle numeriche come "E120" perché sono tutti prodotti artificiali dannosi per la salute come ampiamente dimostrato in un capitolo precedente.

Intelligenza o Stupidità Artificiale?

Chi parla oggi di I.A., intelligenza artificiale, riferendosi a degli smartphone o computer fatti di metallo e plastica, evidentemente non ha capito niente né di metallo né di biologia o psiche e non ha alcuna etica e nessuna intelligenza.

Infatti, paragonare un semplice programma fatto di opzioni e comandi già stabiliti dalla vera intelligenza è come paragonare la luce al buio, o la verità alla menzogna. Ma è proprio questo che vogliono fare. Imporre la loro verità ai propri schiavi facendo credere che sia l'unica verità in modo da impedire qualunque tipo di pensiero diverso da quello permesso.

Sono ormai alcuni anni che ci tartassano con la cosiddetta I.A. per ficcarcela nella zucca, che non ha niente di intelligente in verità. In questi ultimi tre anni soprattutto ne hanno parlato in maniera ossessiva, e continuano a farlo.

Parlano di tecnologia, e la I. A. è sempre nella bocca di tutti gli interlocutori. Presentano un'automobile, e voilà nel 2023 le automobili hanno tutte la loro I. A.

Presentano un nuovo telefono e non può mancare la I. A., ormai da alcuni anni i nuovi telefoni hanno tutti la I. A...

Presentano una nuova TV che deve essere provvista naturalmente di I. A. come tutti i sistemi operativi ormai, a detta dei personaggi televisivi.

Presentano un nuovo elettrodomestico e se non ha la I. A. è già obsoleto, neanche dovreste guardarlo!

Ormai, nel 2023 sembra che anche gli accendini debbano avere la loro I.A! Parlare di I.A. ormai è diventato un mantra, proprio come sempre, quando vogliono ficcare bene nella mente delle persone qualcosa. Ora c'è questa I.A.... Noi dovremo sottostare sempre più alla I.A.... finché nessuno potrà più ribellarsi o fare qualcosa di diverso.

Vogliono farci parlare con la TV nuova, tu chiedi e lei ti

risponde con la I. A.... Purtroppo molte persone già lo fanno.

Tutto questo viene spacciato per *progresso*, ma serve soltanto per implementare il controllo mentale al 100%.

Naturalmente poi, parlando col telefono o la TV, se dici qualcosa per cui la I.A. non è programmata puoi così spiegarglielo con le buone o con le cattive, ma quella cosa non la capirà mai!...

Altro che I.A.... Qui si tratta solo di S.A. Stupidità Artificiale, come se quella naturale non fosse sufficiente!

Tutti quelli che usano a sproposito questo termine sono persone senza coscienza, ovviamente.

Solamente quando introdurranno materiale biologico (e lo stanno già facendo) nei computer si potrà parlare davvero di I. A.

Per il resto, non c'è nemmeno da porsi il problema. Stanno instillando nelle persone l'abitudine di "automatizzarsi" al fine di renderle sempre più AUTOMI, schiavi idioti e totalmente privi di giudizio proprio. Come se fossimo messi bene già adesso.... Già adesso viviamo in una società piena di schiavi ignoranti convinti di essere molto coscienti e consapevoli; vogliono quindi spazzare via quello 0,0001% di ragione che ancora poteva rimanere in qualche individuo più sveglio degli altri.

Et voilà, come volevasi dimostrare.

≡ Il Messaggero

FOCUS

Green pass, un microchip sottopelle per portarlo sempre con sé (con tecnologia contactless)

Curarsi con la Radioterapia interna?

Dicono che le radiazioni puntate solo sulle cellule malate uccidono solo quelle e non intaccano quelle sane. Ma è una bugia per bombardarvi di radiazioni!

Le radiazioni sono comunque sempre dannose e fanno danni anche alle cellule sane. Poi ci sono le memorie del corpo che memorizzano la distruzione delle radiazioni e ripetono continuamente questa distruzione. Non dimentichiamo che l'energia, come le memorie, che sono sempre energia, ripete sempre se stessa. Come un'onda che si propaga e ripete continuamente il suo ciclo, onda dopo onda, anche l'energia e le memorie continuano a ripetere se stesse.

Quindi, finita la distruzione delle cellule sane, voi credete che la distruzione sia terminata? Perché non provate ad osservare come lavora l'energia/mente? La distruzione non termina mai, in verità.

Insomma, le radiazioni vanno comunque evitate giacché il cancro si cura facendo attività fisica e con alimentazione sana basata su vitamine e cibi basici. La vitamina B17 uccide le cellule del cancro. Ed è una *vitamina*, quindi non intacca niente, è il vero sollievo per il corpo. Chi si cura con le vitamine e le erbe non soffre e non ha distruzioni. Infatti l'uccisione delle cellule di cancro attraverso la vitamina che le uccide non è una *distruzione* ma semplicemente un processo di rigenerazione.

Le radiazioni e tutto ciò che non è naturale per il corpo è soltanto un modo per avvelenarvi, anche se vi dicono che non ci sono problemi. I medici e i ricercatori pagati dalle lobby sono persone corrotte e molto ignoranti, ma credono di sapere tutto o di sapere più di noi perché hanno la tecnologia e la sanno usare... Si, bombardando di radiazioni i tumori ?!!

La vera conoscenza oncologica non è questa!

La vera conoscenza medica è ciò che ti permette di risolvere i problemi alla base, senza l'utilizzo di tecnologia distruttiva, ma con le diverse cure naturali, attività fisica in primis.

Inoltre la Vera Consapevolezza risolve tutto immediatamente senza alcuna tecnologia, ma semplicemente con la comprensione.

Questa è la Vera Conoscenza medica.

I raggi UV sono veramente dannosi?

Un'altra grossa bugia perpetrata dalla falsa scienza, ovvero che i raggi UV sarebbero dannosi.
NO. I raggi UV non sono dannosi.

Avete mai osservato quante persone che lavorano tutto il giorno sotto il sole si siano ammalate di cancro alla pelle?
Nessuna. Si, proprio così! Nessuna di quelle persone che lavorano tutto il giorno sotto il sole si ammala di cancro alla pelle! Chi sono invece quelle persone che hanno il cancro alla pelle o altre malattie della pelle? Sono quelle persone che si espongono pochissimo al sole ed ai raggi UV considerati pericolosi!

Comunque, per sicurezza, potreste fare un semplice esperimento onde evitare di dare credito a "teorie complottiste".
Solo voi siete i vostri scienziati. Tutti gli altri pagati dalle lobby che ci vogliono ignoranti, lasciateli lì dove sono a fare i burattini inconsapevoli.

Dunque, prendete due piantine uguali, in vasi uguali.
Mettetene una all'aperto, al di fuori di una finestra di casa vostra, sul davanzale. Naturalmente l'esperimento deve essere fatto ad una buona temperatura in modo che la pianta non soffra né di caldo né di freddo, dunque in un periodo ottimale.
La seconda piantina mettetela sempre vicino all'altra, ma questa volta all'interno della finestra di casa, sullo stesso davanzale. Fate in modo che le due piantine prendano ogni giorno lo stesso sole e vengano regolarmente innaffiate in maniera adeguata.

Poi, osservate come crescono e si sviluppano.
Semplice, no?
Quale sarà la piantina che crescerà meglio? La prima.

Una volta che avete cominciato a capire cosa ci stanno facendo e perché vogliono impedirci di esporre il nostro corpo ai raggi UV, considerate il fatto che tutti i vetri delle finestre delle case e dei finestrini delle auto filtrano i raggi UV. Tutti i modelli di occhiali, compresi gli occhiali da sole, filtrano i raggi UV. Le pomate abbronzanti e chissà quant'altro che ho dimenticato, filtrano i raggi UV... Eppure chi lavora tutto il giorno sotto il sole e si espone moltissimo a questi raggi "pericolosi" è in perfetta salute!
Anche le piante che vivono al sole generalmente sono migliori di quelle che stanno al buio nelle case o nei luoghi angusti.

L'energia e luce solare è in effetti una terapia per moltissime malattie, sia umane che della flora e della fauna.
Non sottovalutate mai la cura del sole che è gratis ed è la miglior cura per la pelle e anche per la vista! Il "metodo Bates", tratto dal libro di Bates scritto nel 1920, conferma che **il sole aiuta anche a riacquistare la vista** o a mantenerla in ottima salute. E conferma che gli occhiali non servono quando una persona impara a rilassare i muscoli oculari.

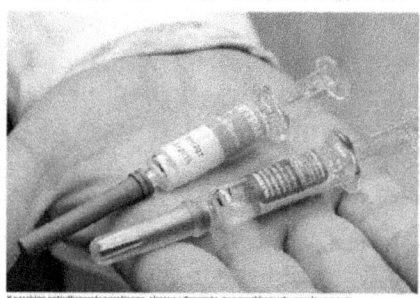

L'influenza si accanisce sui vaccinati

La stranezza segnalata da un medico di base: tra i suoi assistiti si è già ammalato l'80% di chi non doveva ammalarsi

Cos'è una eggregora

Cosa dice Wikipedia: *"Nell'occultismo, una forma-pensiero si riferisce a un'entità incorporea emanata da una o più persone in grado di influenzare i loro stessi pensieri e attitudini; se creata attraverso particolari metodi di meditazione collettiva viene utilizzato maggiormente il termine eggregora o egregore (dal greco antico ἐγρήγορος, il cui significato originario, «guardiano», sembra essersi confuso con quello di «gregario», o «seguace passivo di un gruppo»).*
Sempre secondo svariati filoni dell'esoterismo, le eggregore possono essere create pure inconsapevolmente da un pensiero ossessivo, e in tal caso si parla più comunemente di forme-pensiero elementali, cioè di esseri conosciuti anche nella mitologia, comprendenti ad esempio le Lamie. Se negative, possono nuocere alla persona di cui sono parassite, sottraendole energia vitale."

Un'eggregora è un mostro energetico formato essenzialmente da memorie di personalità morte. Una massa mentale creata ed alimentata da chi fa determinati pensieri o azioni.
Chi vibra a determinate frequenze, fa determinati pensieri ed azioni che si agganciano a tutti quelli simili. Quando moltissimi pensieri e persone pensano le stesse cose, si forma un agglomerato di tutto questo che diventa un'entità, la quale prende energia da tutti questi pensieri e persone.
Sia quelli nelle vicinanze, ma anche a distanza. La distanza non conta. Le azioni ed i pensieri che si fanno, portano inevitabilmente ad agganciare tutte le vibrazioni simili, memorie simili, di tutto ciò che di simile è già avvenuto e qualcuno ha già fatto e sta ancora facendo.
La mente/energia agglomera sempre tutte le frequenze simili e le fa diventare un'unica entità. Questo perché si attraggono inevitabilmente, essendo simili. Si confondono a tal punto che diventano la stessa cosa, ma ingigantita.

Questo meccanismo mentale/energetico lo potete osservare quando le particelle di un elemento vengono a contatto con altre dello stesso elemento: si agglomerano. Ad esempio, provate ad avvicinare due gocce d'acqua... esse finiranno per agglomerarsi non appena troveranno un aggancio per farlo, quando una piccola molecola di una goccia andrà a toccare una molecola dell'altra goccia... Allora si scatena un'attrazione che diviene subito così forte che le due gocce subito andranno a formarne una singola.

E questo avviene sempre, con ogni elemento, non solo con l'acqua...

La mente/energia funziona sempre nello stesso modo.

Quando ci sono vibrazioni (o elementi) simili, questi finiscono per attrarsi ed inglobarsi perfettamente.

Mantenendo però tutte le proprie memorie, che vanno ad accavallarsi.

Così, le memorie di una goccia, diventeranno anche le memorie dell'altra goccia. Non ci sarà più distinzione di memorie.

Una cosa simile succede anche quando due persone decidono di unirsi e di vivere insieme. Le loro memorie andranno ad inglobarsi le une con le altre, formando una mente comune, oltre a quella individuale.

Quindi le eggregore non sono altro che memorie molto cariche di energia che hanno creato un'entità autonoma, come una figura virtuale, che ha lo stesso comportamento e gli stessi pensieri che tutte quelle persone hanno alimentato con la propria mente, con i propri pensieri che sono formati sempre di energia.

La Fortuna non esiste

La Fortuna non esiste. Così come la sfortuna, la iella, la sfiga o come la vogliate chiamare.
Queste parole andrebbero cancellate dal dizionario perché sono solo delle bugie!
Quando si dice: "Che fortuna!", oppure: "Che iella!", si sbaglia sempre perché non è qualcosa che è successo "per caso".
Anche quando sembra, non è mai la verità.
Perché nulla succede mai per caso.
L'universo restituisce solamente ciò che abbiamo dato. Uguale. Funziona così. E non importa se non ti ricordi quando e come hai fatto una determinata cosa, com'è cominciata. Tutto ciò che fai ti ritorna indietro così come l'hai causato. Le azioni sono energia e muovono energia, l'energia si ricorda sempre da chi è partita e ritorna al mittente.
Inutile dire che non è vero, o fare la vittima. Inutile cercare qualunque via di fuga. Tutto ciò che fai ti ritorna sempre indietro. Lo puoi vedere cercando nelle tue memorie ciò che hai fatto e come poi ti è ritornato indietro.

Tutti gli episodi di vita sono solo insegnamenti da cogliere.
Quando vi succede qualcosa, potreste provare a chiedervi: "Cosa ho fatto per farmi succedere questo?". Così potreste cominciare a vedere veramente come funzionano i ritorni e comprendere che veramente è proprio come ve l'ho spiegato: tutto ritorna esattamente come lo avete fatto voi!

I soldi non ritornano mai? Ma questo è un discorso diverso, nel senso che se per voi i soldi non sono importanti, vi ritorna qualcosa di meglio! Se agite nel bene, vi ritornerà certamente qualcosa di positivo che non devono per forza essere guadagni materiali, anzi.

Le cose importanti della vita non sono i possedimenti materiali.

I veri maestri non hanno bisogno di chiedere soldi quando aiutano gli altri perché sanno benissimo che l'universo stesso restituisce tutto ciò che danno!
Se danno insegnamenti validi e migliorano davvero il proprio ambiente, l'ambiente li ripagherà di tutto il loro impegno e si adatterà alle loro azioni corrette, dandogli appunto tutto ciò che gli serve senza bisogno di acquistarlo o chiedere soldi a qualcuno. I falsi maestri invece creano scompiglio, chiedono sempre soldi e rovinano spesso persone e famiglie per poi dare la colpa a chi non li abbia ascoltati abbastanza...

I soldi non sono mai una priorità per chi ha compreso veramente come funziona la mente/energia.
Arriveranno come conseguenza quando serviranno.
Anche se, a dire la verità, si può fare tutto anche senza soldi.

Insegnare il rispetto

Si sente molto spesso parlare del degrado in cui sono cadute le persone al giorno d'oggi (quando si parla di gravi episodi di cronaca, come femminicidi o altro). Di come sia possibile tutta questa mancanza di rispetto delle regole per una vita civile all'insegna della collaborazione. Si parla di violenza sempre più diffusa e di mancanza di adeguamento delle forze dell'ordine e delle scuole, che non insegnano abbastanza il rispetto. E naturalmente si parla della mancanza dell'educazione genitoriale.

Certo, è evidente. Ne ho già parlato e mostrato ampiamente i motivi e le cause. I controllori della società hanno voluto creare una società malata costruita sul controllo mentale, sugli inganni e sulle false verità imposte come uniche verità accettabili. E le persone che ora fanno le vittime al 99% sono esattamente complici ed esecutori di tutte queste falsità ed inganni. Quindi sono anche loro i responsabili, anche se in questi casi si presentano solamente come "vittime". Sono vittime di sé stessi, come tutti del resto.

E quindi, queste "povere vittime" come vorrebbero affronta-re *l'insegnamento del rispetto* nelle scuole?

Ho sentito molte persone delle istituzioni parlare in TV e sui giornali. Vogliono insegnare ai ragazzi, ad esempio, che i rapporti amorosi finiscono e quindi bisogna prepararli ad accettare la fine dei rapporti. Questa sarebbe una delle loro soluzioni. Chiaramente ciò dimostra come queste persone non abbiano ancora capito nulla né di insegnamento, né di rispetto, né di rapporti. Insomma, navigano nel buio ma credono di avere già la soluzione per affrontare tutti i problemi che si presentano di giorno in giorno. E la loro soluzione non è altro che la stessa minestra proposta di volta in volta, solo che viene rigirata e quindi la mostrano sempre come una nuova minestra.... Ma invece trattasi sempre della stessa! Vogliono inculcare, cioè programmare. Credono di inculcare ai ragazzi i comportamenti, proprio come fossero dei robot da programmare... Proprio quello che vogliono i nostri controllori e che stanno già facendo...

Solo che tutto ciò non porta affatto al rispetto ma anzi, alimenta l'ignoranza e la mancanza di etica, responsabilità e ragione. Perché *inculcare* o cercare di inculcare dei comportamenti o degli "insegnamenti" porta solamente alla stupidità, a distruggere la coscienza che è già messa molto male...

Il problema alla base, come ho già dimostrato è la Vera Conoscenza, la Vera Comprensione, il rispetto cioè dell'auto-determinazione delle persone. Non il contrario.

Dovrebbero insegnare quindi l'autodeterminazione e la *non interferenza* nell'autodeterminazione altrui!
Questo è il vero rispetto!

Quindi, la soluzione è dall'altra parte! Invece di "inculcare" nozioni su nozioni spesso false e fuorvianti, come già fanno, dovrebbero dare l'indipendenza sia mentale che fisica.

L'indipendenza è il diritto primario degli esseri umani e di tutti gli esseri viventi. Come avevo già ampiamente spiegato nel libro: "Verità Nascoste".

Insegnare fin da subito ai bambini ad essere indipendenti e non vittime dei genitori e degli insegnanti.

Insegnare l'autodeterminazione significa insegnare a non fare i servi degli insegnanti diventando poi i futuri servi del potere che distrugge tutto e tutti... È scritto nei diritti umani universali, se qualcuno se ne fosse accorto, ovvero che lo schiavismo a qualunque livello è inaccettabile per gli esseri umani. E invece, gli "insegnamenti" delle scuole e dei genitori normalmente producono schiavi del sistema attraverso obblighi e minacce varie. Così non va, lo potete vedere tranquillamente da soli.

Vorrei aggiungere qui una cosa: il vero amore non finisce mai!

Il vero amore, come ho detto è Responsabilità, Etica, Comprensione.

Il vero amore è dare l'indipendenza/autonomia a tutti, quindi anche ai bambini, perché oggigiorno si tende sempre a limitare il più possibile i bambini ed i ragazzi alle decisioni perché si ritiene che "non siano maturi", anche se spesso si sente dire che gli viene permesso troppo. Allo stesso modo, nei rapporti umani permane questa continua imposizione di limiti altrui, quindi rimane sempre lo stesso comportamento attuato con i bambini, nel tentativo di controllare/gestire gli altri ponendo dei limiti. Certo, non significa permettere di fare del male o farsi del male, ma tutto questo dipende dalla non-cultura, ovvero dal mancato insegnamento che non deve essere affatto un plagio mentale però!
Gli adulti che limitano i ragazzi credono di essere "maturi". Ma abbiamo già visto dove porta questa maturità.

Quindi, ripeto, il vero amore, sé lo è veramente, rimane per sempre. L'Amore è Comprensione Pura o Consapevolezza.
La Consapevolezza Pura non termina mai, nemmeno alla morte del corpo perché non viene cancellata, come invece succede per tutte le altre memorie. Il trapasso che avviene alla morte del corpo, dove si subiscono vari trattamenti di cancellazione della memoria, non coinvolge la Consapevolezza Pura, che quindi rimane. Questa Consapevolezza andrà quindi a gestire altri corpi con cui è già collegata attraverso l'anima, perché non può finire.

Riassumendo, la vera soluzione alla mancanza di rispetto è sempre la Vera Conoscenza, la Vera Consapevolezza, la Vera Responsabilità, ovvero la NON INTERFERENZA con il libero arbitrio altrui.

E queste cose si insegnano dando la possibilità alle persone anche in età giovane di auto-gestirsi e di imparare ad essere autonome. *L'auto-determinazione*, che poi è il principio per permettere l'evoluzione della Coscienza e quindi dell'anima e della Comprensione Vera della Vita, è *l'insegnamento fondamentale*.

Bruce Lee una volta ha detto

Non parlate di voi in modo negativo, nemmeno per scherzo.

Il vostro corpo non conosce la differenza. Le parole sono energia e lanciano incantesimi, per questo si chiamano incantesimi.

Cambiate il modo in cui parlate di voi stessi e potrete cambiare la vostra vita.

Il vero amore

Il vero amore è lasciare andare.

Non è *trattenere* o *possedere*.

La responsabilità e l'etica impongono che, se tu ami una persona, farai sempre e solo il suo bene e non cercherai di trattenerla, ma la aiuterai ad essere indipendente e quando ella se ne vorrà andare, se dovesse succedere, la aiuterai ad andarsene, non a trattenerla!

Il desiderio di possedere è un *desiderio infantile atavico*, il desiderio primario del Nulla Infinito Ignorante, di quando creava senza alcuna conoscenza di Sé e di cosa significasse creare, e si identificava in tutto cercando di trattenerlo a sé per non perdere niente...

Il desiderio di possesso è quindi sempre determinato dalla non comprensione di Sé, dalla completa ignoranza sulla differenza tra Sé e gli altri. E questo non c'entra proprio nulla con l'amore perché non è affatto Amore.
Il desiderio di possedere è un **vuoto di conoscenza** che le persone ignoranti scambiano per "amore". È il vuoto che ci siamo portati dietro da quando abbiamo cominciato a creare ed esistere, credendo erroneamente di essere tutto ciò che noi e gli altri creatori avevamo creato.

È questo il vuoto che porta le persone a desiderare di possedere qualcosa o qualcuno. È questo vuoto che bisogna comprendere. A tal proposito ci servirebbero delle scuole vere che insegnino la Vera Conoscenza, senza obblighi. Una Scuola Libera e Vera, appunto.

Il Vero Amore non finisce mai! Il vero amore, come già detto, è

Responsabilità, Etica, Comprensione, Consapevolezza spirituale Pura.

Il Vero Amore è dare l'indipendenza a tutti, anche ai bambini, senza ovviamente dagli la possibilità di danneggiare se stessi o gli altri.

Quindi dare una Vera Indipendenza, non quella limitata ovviamente, che molti spacciano per "indipendenza".

Dare un'Istruzione Vera e Responsabile senza obblighi o interferenze nel libero arbitrio. Permettere a tutti di arrivare da soli alla Vera Conoscenza prendendosi completamente tutte le proprie responsabilità senza alcun vincolo.

Niente racconti di bugie sottoforma di fiabe o giochi per nascondere la Verità. La Verità non va mai nascosta, bisogna mettere ognuno, anche i bambini, nella condizione di poterla accettare senza dover soffrire. Quindi darla con il gradiente giusto, ad ognuno il proprio però. Non mantenere tanti bambini allo stesso livello come fossero tutti uguali... Non sono mai uguali! Bisogna permettere a chi va avanti più velocemente nell'apprendimento di non doversi adeguare agli altri, come invece fanno le scuole odierne.

Permettere un Apprendimento Totalmente Libero, Auto-determinato e Vero è Amore. E ciò si dovrebbe permettere a tutti.

Cosa verso cui bisognerebbe istruire gli adulti, innanzitutto..

Una scuola libera e vera

Come dovrebbe essere una scuola?
Per me una scuola dovrebbe essere un ambiente sereno e libero fatto di collaborazione, non di imposizioni. Molto semplicemente.
Nessun obbligo. Nessuna imposizione. Nessun maestro. Tutti dovremmo essere allievi e maestri di noi stessi. Tutti collaborativi per imparare. Nessuno che scarichi i propri problemi sugli altri ergendosi sul piedistallo di "maestro".
Ognuno che lavori su se stesso nella massima libertà.
Siamo tutti qui per imparare, per conoscere noi stessi fondamentalmente.

Questa è la nostra prima missione, che ce ne rendiamo conto o meno.

Dare Comprensione è dare Amore. Permettere un *Apprendimento Totalmente Libero ed Autodeterminato,* quindi senza alcun tipo di interferenza.

Questa scuola nasce per l'esigenza di liberare le persone da tutte le false verità che ci vengono propinate continuamente da ogni dove.

Questa scuola vuole diffondere la vera Cultura, la vera Scienza, la vera Etica e la vera Responsabilità che è vero Amore.

Nasce per l'esigenza di avere una scuola vera, non una scuola fatta di obblighi, di ricatti, di malcontenti e di noiosi monologhi inutili e dannosi fatti da chi si innalza su di un *piedistallo fatto di illusioni di conoscenza.* Abbiamo l'esigenza di imparare tutti, non di avere maestri che ci sottomettano o che ci impongano il loro punto di vista.
E qui si intende realizzare proprio questo.

Una scuola libera e vera appunto.
Ho aperto la mia prima Scuola di Consapevolezza Avanzata su Facebook. Questa non è aperta a tutti, ma solo a gente sveglia e sempre pronta ad imparare.
Per chi la pensasse diversamente, ci sono milioni di altre scuole di tutti i generi.

"Gli uccelli nati in gabbia pensano che volare sia una malattia."

(Alejandro Jodorowsky)

L'Italia sempre in crescita!

Secondo i politici e giornalisti, l'Italia cresce troppo! Negli ultimi anni abbiamo avuto un crollo vertiginoso di ogni produzione di beni, però i governi ed i TG affermano sempre che siamo in forte crescita, addirittura "troppo". Per "crescita" loro intendono il PIL (prodotto interno lordo). Hanno completamente dimenticato di aver chiuso tutto nel 2020 impedendo a tutti di lavorare e quel periodo non andrebbe calcolato se si volesse essere "equi". Perché se quel periodo fosse perpetuato saremmo tutti già morti da un pezzo senza alcuna produzione di niente e senza potersi spostare da casa!

Quindi, partendo dalla chiusura totale di tutto (cominciata nel 2020 e terminata nel 2021), ecco che dichiarano ora una crescita improvvisa (a partire dal 2022)! Il PIL sale vertiginosamente... e per forza, in quel periodo era a zero!

Ma dove hanno la testa questi?

E mentre il PIL sale, le famiglie "scendono", impoveriscono. E com'è possibile? Questo perché, più il PIL cresce, più si arricchiscono solo i ricchi. Perché la ricchezza non viene mai spartita con tutti. Gli stipendi dei dipendenti perdono ogni anno valore, da sempre. Nemmeno 40 anni fa gli stipendi stavano al passo con l'inflazione, e adesso ancora peggio! Quindi, mentre il PIL sale, gli italiani impoveriscono. Ma i soliti giornalisti e politici *traditori* insistono nel dire che c'è troppa crescita mentre tutto muore.

Nel 2023 abbiamo assistito ad una gigantesca falsa propaganda sulla verità dell'economia dell'Italia.

Abbiamo avuto l'inflazione vicino al 10% mentre il PIL era all'1,7%. Ed i giornalisti cosa dicevano nei loro TG? Che abbiamo una crescita oltre le previsioni!

Nessun giornalista sembra conoscere la matematica elementare, quella che si insegna ai bambini di 8 anni! Quel semplice calcolo che vi mostra la drammatica realtà: +1,7%

-10% = -8,3%
Ripetono imperterriti, come un mantra, assieme a tutti i politici in carica al governo, che siamo in grande crescita... addirittura sopra le previsioni...
Già, nemmeno i politici, un solo politico al governo che conosca la matematica elementare, quella che si dovrebbe conoscere già a 8 anni... Nemmeno uno di loro ha fatto questo semplice calcolo!

Rimandiamoli tutti a scuola, alle elementari!!!

Tutti burattini inconsapevoli che gridano ogni giorno nei TG che siamo in GRANDE CRESCITA, che loro sono stati bravi perché hanno rispettato tutti gli impegni presi, ed ora il Paese sta andando alla grande, siamo in netta ripresa...
Mentre in verità la povertà dilaga e gli stipendi dimezzano il loro valore in pochi anni...

Siamo in caduta libera! In terribile recessione, altro che balle!

Poi, parlando dei problemi del Paese... Vogliono abbassare le tasse ma non ci riescono mai...
Perché se non elimini prima il PARASSITISMO di molte persone che guadagnano senza produrre nulla, oppure guadagnano senza fare il proprio lavoro (insegnare, curare, proteggere, fermare gli invasori usati come schiavi che tolgono il lavoro ai veri italiani di origine), o peggio, guadagnano sulla sofferenza altrui o addirittura sulla morte altrui, ecco che non potrai mai diminuire veramente le tasse. Quelle banali riduzioni di tasse che sporadicamente si sono viste, sono sempre seguite da nuovi rialzi e nuove tasse che li annullano in un batter d'occhio...

La ricetta per uscire dalla crisi
(il mio programma politico democratico)

Anni fa si sentiva un ministro italiano ripetere: "Non esiste una ricetta per uscire dalla crisi", riferendosi alla crisi economica cominciata nel 2007, che indubbiamente era la conseguenza della crisi cominciata subito dopo lo scoppio del "boom economico" del dopoguerra. E non si tratta solo di giochi di parole. C'era già crisi nell'aria sia nei primi anni '90 che negli anni '80 e '70. Per non parlare della crisi scaturita nel 2002 con l'entrata in voga della nuova banconota dell'Europa finanziaria: l'Euro! Con l'Euro siamo tutti diventati più poveri. Mentre il prezzo di molte cose aumentava andando addirittura a raddoppiare nel giro di pochi mesi o anni, gli stipendi rimanevano tali e quali, se non addirittura più bassi (come avvenne nel caso specifico di alcune Coop che dovettero allinearsi a nuove leggi che, guarda caso, entravano in voga nello stesso periodo). I prezzi delle case e delle automobili raddoppiarono, per farvi esempi molto comuni. Oggigiorno il prezzo di un'auto nuova mediamente è di 26 mila euro, quando nel 2013 era attorno ai 18 mila e nell'anno 2000, prima dell'entrata dell'euro, era attorno ai 20 milioni di lire, che equivalgono 10.329 euro.

Le mie soluzioni:

1° Togliere il parassitismo sia dagli organi statali ma anche dalle aziende e ditte private. I parassiti normalmente sono tutte le persone ai vertici che occupano poltrone senza fare nulla o quasi nulla. Ce ne sono ovunque, in qualunque settore ed in qualunque ditta o fabbrica o azienda.

2° Eliminando tutti gli "ordini" istituiti per etichettare chi può fare un determinato lavoro. Ovvero, l'ordine degli avvocati, dei giornalisti, dei medici, psicologi ecc.

Ma non solo. Ad esempio:
Nessun lavoro dovrebbe avere il prerequisito di una laurea o di una specializzazione. Questo perché chi studia per conto proprio, autodidatta oppure allievo di qualcuno fuori dalle scuole ufficiali, fuori dalle lobby, deve essere messo sullo stesso piano, anzi di più, proprio perché non è stato standardizzato per obbedire ai padroni!
Le lauree e le specializzazioni "ufficiali" sono gestite dalle lobby che impongono le loro verità "preconfezionate", false e limitanti.

Per spazzare via definitivamente tutta questa dipendenza dalle lobby, bisogna attuare il piano dei diritti umani e del diritto alla libertà FINO IN FONDO.
Quindi, *niente titoli di studio obbligatori.*

Vengano prese invece in considerazione soltanto le REALI CAPACITÀ.

Mi è capitato spesso di far raddoppiare la produzione e ridurre a zero gli scarti di una ditta senza venire mai ringraziato né ripagato nemmeno con lo stipendio base previsto dal contratto nazionale... Addirittura, per un certo periodo, non avevo nemmeno i soldi per mangiare perché guadagnavo troppo poco nonostante, appunto, facessi questi "miracoli" dove ho lavorato. E questo dimostra come i sindacati che erano pure presenti non hanno mai rispettato nemmeno i propri accordi firmati, quindi sono solo parassiti dei lavoratori.

Ecco allora la mia RICETTA PER USCIRE DALLA CRISI:

BISOGNA ATTUARE LA MERITOCRAZIA !

Cosa che oggi non avviene assolutamente!!! Facile no? Per niente! Perché in questa società ed in quelle che l'hanno preceduta ha sempre prevalso la legge della **discendenza**

sanguigna e della **sudditanza**, come ha spiegato bene anche David Icke nei suoi libri.

Nessun lavoro deve essere precluso per MANCANZA DI TITOLI DI STUDIO "UFFICIALI".

I TITOLI DI STUDIO UFFICIALI NON HANNO E NON AVRANNO ALCUN VALORE QUANDO SARÀ ATTUATA L' ETICA nei posti di lavoro.

Mettiamo in atto l' E T I C A.

Mettiamo le PERSONE CAPACI nei posti importanti non persone incapaci con tanti titoli di studio e riconoscimenti "ufficiali" creati ad arte per mettere gli IMBECILLI NEI POSTI DI COMANDO.... (burattini che obbediscono senza ragionare) Naturalmente poi, siccome siamo in Italia e i parassiti sono nei posti di comando, succede sempre che i MERITI DELLE SCOPERTE O INVENZIONI SE LI PRENDONO LORO.

ECCO PERCHÈ L'ITALIA NON FUNZIONA!

Come possiamo abbassare le tasse?

ELIMINATE GLI SPECULATORI

ELIMINATE I LAVORI DI OPPORTUNISMO

ELIMINATE LE POLTRONE DI CHI NON FA NULLA (o nulla di buono)

ELIMINATE QUEI LAVORI DOVE CHI SBAGLIA NON PAGA

ALLONTANATE CHI ENTRA IN ITALIA SENZA RISPETTARE LE REGOLE

... Ed avrete così eliminato gran parte delle tasse!

Un programma politico etico

Dal 2013 ho iniziato a pubblicare su fakebook un mio programma politico etico per provare a cambiare questa società partendo dal consenso popolare delle persone sveglie.
Ho creato in tempi diversi le rispettive pagine o gruppi:

Movimento Rispetto e Coscienza

Democrazia Diretta Consapevole

No Euro, No Europa

Dichiariamo la nostra Indipendenza Adesso

Unione per il Rispetto dei Diritti Umani Universali

Anarchia Democratica

In queste pagine e gruppi ho fatto proposte politiche etiche, pubblicando i miei progetti per una società migliore, inoltre ho condiviso varie notizie scomode importanti, tutte quelle notizie che i TG evitano accuratamente di trasmettere, alcune delle quali le potete vedere nelle varie immagini presenti nel presente testo.

Il mio programma politico l'ho sempre migliorato e sviluppato, ed oggi l'ho rifatto e semplificato completamente onde permettere veramente l'applicazione della legge primaria:

LA LEGGE SUI DIRITTI UMANI

... e la Costituzione Italiana, valida però solo nella misura in cui non viòla i diritti umani.

Questo programma è valido per i seguenti gruppi:
Movimento Rispetto e Coscienza
Democrazia Diretta Consapevole
Anarchia Democratica

Verranno applicati immediatamente
i *Diritti Umani Universali:*

(1)

Diritto alla Libertà e all'Indipendenza
di ogni Comunità.
Dichiarazione di illegittimità
dei divieti di Indipendenza.

Sarà data l'indipendenza a chiunque la chieda.

Verranno dichiarati illegittimi, e quindi sciolti, tutti i vincoli o "accordi" presi con qualunque stato straniero.

A nessuna Regione o Provincia o Comune o comunità sarà mai impedito di essere totalmente autonomo ed indipendente. Ogni Regione, Provincia, Comune o comunità che chiederà l'indipendenza, l'avrà. Inizialmente con l'Uscita dall'Europa e dall'Euro. Poi con l'indipendenza alle Regioni che la chiedono, le quali poi daranno l'indipendenza alle Province, le quali daranno l'indipendenza ai Comuni, i quali daranno l'indipendenza alle comunità che lo desiderano. Ognuno avrà la propria indipendenza, a cascata. Compresi i singoli individui.

L'indipendenza di ogni territorio verrà attuata permettendo un distacco graduale e non improvviso, in modo che ognuno si possa adeguare al nuovo stato in essere.

(2)

Diritto alla Verità.

Dichiarazione di illegittimità
di tutti gli organi segreti.

La Verità non può essere censurata. La Libertà è legata alla conoscenza della Verità, senza inganni, quindi tutti hanno il diritto di conoscere ogni Verità. La censura della Verità va contro a tutti i diritti dell'uomo riconosciuti universalmente. La Verità deve essere diffusa senza alcun filtro.

(3)

Diritto all'Equità.
Dichiarazione di illegittimità
del potere economico.

Distribuzione equa delle ricchezze. Tetto massimo del 200% tra il guadagno massimo e guadagno minimo per ogni luogo di lavoro e per ogni Comune. Tutto il guadagno in eccesso sarà ripartito con tutti i lavoratori del medesimo luogo di lavoro e Comune. Nessuno ha il diritto di arricchirsi eccessivamente rispetto ai propri colleghi o compaesani perché questo crea rotture sociali e padronismo/schiavismo.
Riconoscimento della Proprietà. Tutti i dipendenti di qualsiasi ente diventeranno co-proprietari dell'ente in cui lavorano. Votazioni annuali democratiche stabiliranno quale posto sarà occupato da ogni persona nell'ambito lavorativo.
Nessuna Banca potrà più gestire il denaro, saranno solo i correntisti a poterlo gestire autonomamente. Nessun banchiere potrà usufruire di soldi creati dal nulla o di soldi non propri.

(4)

Eliminazione degli obblighi.
Dichiarazione di illegittimità
di qualunque obbligo.

Nessun obbligo deve essere consentito. Nemmeno l'obbligo scolastico o vaccinale. Giacché gli obblighi interferiscono e vietano il libero arbitrio e quindi vietano la libertà personale, verranno immediatamente abrogati tutti gli obblighi imposti per legge.

La scuola sarà consentita e non obbligata a chiunque voglia imparare, senza alcun obbligo. Lo studio dovrà sempre essere presente, compreso ogni ambito sociale e lavorativo. Qualunque luogo di lavoro avrà sempre pause di studio e di attività fisica sportiva per favorire la salute fisica. Lo schiavismo psico-fisico che oggi imperversa, verrà completamente eliminato.

(5)

Privatizzazione di tutti gli enti.
Attuazione della Democrazia.

Tutti gli enti pubblici diverranno privati. Nessun ente potrà pesare sui contribuenti che non lo vogliano. Ogni cittadino sarà libero di pagare o meno un organo sanitario o scolastico, assicurativo o di altro genere senza alcun obbligo.

Nessuna autorità giudiziaria può scavalcare il libero arbitrio dei cittadini. Saranno tutti i cittadini interessati, attraverso votazioni democratiche, a decidere qualunque aspetto della propria comunità o Comune o Provincia o Regione. Non ci saranno gli eletti a decidere per tutti. Nessuno sarà eletto a politico o giudice o altro. Saranno le votazioni di tutti i cittadini a decidere. Nessun politico di carriera o giudice dovrà più esserci, in quanto ogni politico di carriera o giudice si trasforma a tutti gli effetti a parassita della società e servo del potere finanziario occulto. Andranno a lavorare in maniera etica senza erigersi a giudici degli altri, come tutti. La stessa cosa faranno le forze dell'ordine e la polizia. Non lo faranno di carriera ma saranno volontari votati ogni anno da tutti i cittadini con votazioni democratiche onde impedire una struttura piramidale di controllo sociale, come quella oggi in atto gestita dalla massoneria e dai servizi segreti.

(6)

Libertà di lavoro.
Dichiarazione di illegittimità
degli albi professionali.

Tutti potranno fare qualunque mestiere in base al proprio desiderio, senza alcun limite. Ciò che guadagneranno sarà unicamente in base a quello che i propri clienti pagheranno.
I vincoli statali degli albi professionali, attualmente usati dal potere come ricatto per soggiogare il popolo e sottometterlo, saranno immediatamente dichiarati illegittimi.

(7)

Rispetto dell'ambiente.
Divieto di caccia.
Divieto di contaminazione.
Divieto di sperimentazione animale.

Nel totale rispetto dell'ambiente e delle creature, sarà vietato qualunque tipo di caccia o sperimentazione animale nonché l'utilizzo di prodotti velenosi nell'ambiente ed in ogni altro ambito. Saranno eliminati gli OGM e qualunque sperimentazione sul DNA. Saranno eliminate le antenne che emettono onde elettromagnetiche potenti e le sostituiremo con la tecnologia non dannosa. Sarà fermato qualunque tipo di inquinamento.

(8)

Fermare il controllo della mente umana.
Fermare l'avanzata nascosta del NWO.

Fermare qualunque interferenza
al libero arbitrio.

Non sarà permesso alcun Nuovo Ordine Mondiale.
Non daremo la nostra vita in mano agli alieni che si presenteranno a noi in veste di "salvatori" e che già oggi, e da millenni, stanno governando i popoli della Terra nascostamente con l'utilizzo della manipolazione mentale, con l'inganno e la diffusione di false verità.
Non ci sarà nemmeno la nuova unica religione mondiale perché la religione è solo una grande bugia creata per il controllo della mente umana e gli umani saranno informati su tutto questo sporco gioco.

E infine:

Gli umani e tutti gli esseri saranno liberati dallo schiavismo.

Questo è tutto quello che bisogna sapere sul futuro.

Perché saremo sempre qui finché si sarà avverato completamente.

Ognuno faccia la sua parte.

Dimesso dal pronto soccorso, muore di Covid

Pochi giorni prima gli era stata somministrata la terza dose di vaccino. Vano il ricovero il quarto giorno dopo la scoperta della positività

Pubblicato il 2 dicembre 2021

243

LE DICHIARAZIONI CHE HANNO UCCISO
DEDONNO

DEDONNO E' MORTO AMMAZZATO
PERCHE' HA CRITICATO L'EFFICACIA DEI
MONOCLONALI PRODOTTI DA BILL E
MELINDA #GATES CHE #ARCURI
ACQUISTERA' PER CURARE I VACCINATI
IN CRISI CON #ADE

DEDONNO SI ERA ACCORTO CHE IL
PLASMA DEI VACCINATI COVID
PROVOCA "ADE" E UCCIDE I PAZIENTI!
EGLI AVEVA COMUNICATO AL
MINISTERO DELLA SANITA' QUESTO
GRAVE PERICOLO

ARCURI E' APPENA TORNATO GRAZIE
ALLA CHIAMATA DI DRAGHI, CHE
COINCIDENZA!

GATES HA CREATO I MALATI CON I
"VACCINI" DA CURARE CON I
MONOCLONALI PRODOTTI DA LUI:

CREANO IL PROBLEMA E OFFRONO LA
SOLUZIONE!

DEDONNO ERA CONOSCIUTO IN TUTTO
IL MONDO E HA CRITICATO I VACCINI E I
MONOCLONALI DI GATES PERCHE'
"SONO COSTOSI E NON FUNZIONANO
BENE COME IL PLASMA IPERIMMUNE

«Bombardate» con particelle di ioduro d'argento, si condensano e formano le gocce

Inseminazione delle nuvole
E la pioggia cade a comando

L'Italia è all'avanguardia nella sperimentazione. E l'Organizzazione meteorologica mondiale ha affidato a Tecnagro il coordinamento del programma per il Mediterraneo e il Medio Oriente.

Tre mesi, a cavallo tra inverno e primavera, praticamente senza pioggia nelle regioni del Nord hanno provocato danni per cento miliardi di miliardi all'agricoltura. Alle soglie del Duemila, l'uomo resta impotente di fronte alle avversità meteorologiche. Eppure, almeno per questa riguarda il problema siccità, l'atteggiamento di rassegnazione è eccessivo, perché le odierne tecnologie di stimolazione delle precipitazioni potrebbero consentire di alleviare gli effetti di una stagione troppo arida. Tali tecnologie sono state per lungo tempo guardate con scetticismo negli ambienti scientifici, ma questa diffidenza oggi non ha più ragione d'esistere.

Tecnologie mature

I risultati raggiunti in Israele, dove negli anni passati si sono ottenuti incrementi di acqua piovana fino al 24% su base annua, dimostrano che si tratta in realtà di tecnologie sufficientemente mature. Il problema dunque riguarda non tanto la validità del sistema, come è evidenziato sul piano scientifico, ma la sua ottimizzazione (far cadere la pioggia dove maggiore è il bisogno, ecc.). La messa a punto di una metodologia più precisa per la verifica dei risultati conseguiti. Sulla scia di Israele, del resto, numerosi paesi hanno intrapreso la sfida della stimolazione artificiale della pioggia.

Programmi di questo tipo sono attualmente in corso in Marocco, negli Stati Uniti, in Messico, in Cina e, soprattutto, anche in Sud Africa, dove, peraltro, si stanno sperimentando con successo nuove tecniche di «inseminazione» delle nubi.

In Europa il paese all'avanguardia è l'Italia, dove il primo esperimento, effettuato in Calabria, risale addirittura al 1983. Si è dovuto attendere però fino al 1988 perché prendesse forma in Italia il «Progetto pioggia» con finanziamenti del ministero dell'Agricoltura e il 1988 per il suo avvio concreto nella regione Puglia.

L'esperienza italiana in questo settore vede come protagonista la Tecnagro, associazione senza fini di lucro per la promozione dell'innovazione in agricoltura, costituita da Enichem, Fiat, Agrimont, Tecnomarè e Confagricoltura. Avvalendosi della consulenza e delle tecnologie che mette a punto in Israele, la Tecnagro ha svolto negli anni passati un'intensa attività di preparazione dei campi che ha riguardato, oltre alla Puglia, alcune altre regioni meridionali come la Sicilia, la Sardegna e la Basilicata.

La stimolazione della pioggia si ottiene diffondendo nelle nubi, a mezzo di aerei attrezzati, particelle che presentano una struttura cristallina molto simile a quella del ghiaccio; la presenza di aghetti con dimensioni fatto di le particelle possono innescare un processo di formazione delle gocce di pioggia. La sostanza che viene comunemente iniettata per questa operazione è lo ioduro d'argento. Si tratta di una sostanza nota, che non presenta dunque problemi sotto il profilo dell'impatto ambientale, ed è tanto diffusa in natura da essere quasi non rilevabile dallo strumentazione.

Per effettuare questa «inseminazione» si usde però necessaria un'organizzazione a monte assai efficiente e tempestiva che preveda, in particolare, a una serie di operazioni, seguite attraverso un rilevamento dal satellite meteorologico. L'analisi delle formazioni nuvolose; valutare l'esistenza in queste formazioni di quelle condizioni potenzialmente favorevoli all'intervento; far partire tecnicamente, in tal caso, un aereo attrezzato provvedendo a fare una serie di rilevazioni sulla pioggia caduta nelle varie zone e sulle variabili atmosferiche che entrano in gioco.

Risultati incoraggianti

Le attività del «Progetto pioggia» si sono prolungate fino al 1994, con risultati che, nella sesta conferenza scientifica della Weather Modification – promossa a Paestum nel giugno 1994 dall'Organizzazione meteorologica mondiale –, vennero definiti dagli esperti incoraggianti e, in qualche caso, paragonabili a quelli ottenuti in Israele, ma ancora non valutabili appieno essendosi il progetto fermato alle prime fasi in Sicilia e in Sardegna, mentre solo in Puglia era stata effettuata una sperimentazione quasi completa. In ogni caso, il progetto non è stato più abbandonato, e in questa decisione hanno anche pesato le vicende politiche che hanno portato alla soppressione, per via referendaria, del ministero dell'Agricoltura.

Bloccati in Italia, i programmi di incremento delle piogge continuano però a cementare un punto di rilievo nell'ambito dell'Unione europea e dell'Organizzazione meteorologica mondiale, che nei novembre scorso hanno affidato proprio alla Tecnagro il coordinamento di un seminario internazionale sugli aspetti teorici e pratici di un programma di stimolazione delle precipitazioni per il Mediterraneo e il Medio Oriente (Programma Medrep).

Per l'Italia si tratta certamente di un'occasione importante per valorizzare la centralità del suo ruolo nel programma di cooperazione e di sviluppo del bacino mediterraneo e per creare le condizioni di un rilancio di grande attività sul territorio nazionale. La stimolazione artificiale della pioggia può rivelarsi del resto una risposta strategica in un mondo sempre più minacciato dall'impoverimento delle falde idriche e dall'inquinamento delle acque superficiali e sempre più «assediato» da processi di desertificazione che sono ormai ben visibili anche nel bacino mediterraneo. Far cadere questa speranza sarebbe dunque insensato.

Quintino Protopapa

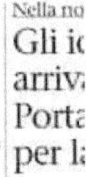

Medici oncologici coscienziosi
avendo a disposizione
apparecchiature x rilevare il linfonodo
sentinella al seno iniziano una serie
di indagini su 5 persone che hanno
INOCULATO il SIERO GENETICO
FATTO PASSARE COME VACCINO
e ciò che rileva la macchina
diagnostica su tutti i pazienti è
SCONVOLGENTE TUTTI SONO
RISULTATI POSITIVI AL LINFONODO
SENTINELLA dimostrando che
materiali ferrosi altamente tossici
(non comunicati dalle multinazionale
ne sui bugiardini ne sul consenso
informato)si trovano all interno
del SIERO. Tali materiali ferrosi
percorrono tutto il sistema linfatico e
in meno di tre ore la macchina rileva
i metalli all interno dei nodi l infatici
dal cavo ascellare raggiungono i
nodi del collo fino al cervello e al
torace dove risiedono i linfonodi più
importanti. Ripeto in meno di tre ore
il siero genetico stava percorrendo
i nodi linfatici più importanti DELL
organismo umano.
Nanoparticelle all interno del siero
covid.?

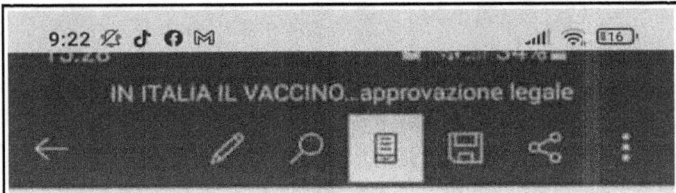

IN ITALIA IL VACCINO NON HA PIÙ L'APPROVAZIONE LEGALE PER VENIRE UTILIZZATO...

AUGUST 16, 2021 EDITOR 5 COMMENTS

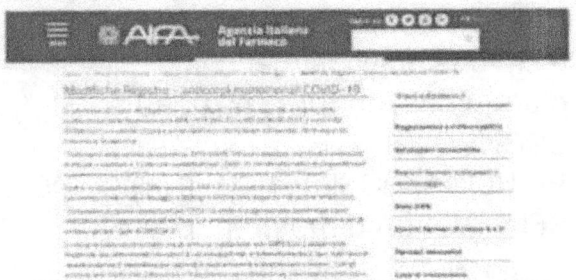

Tradotto dal testo originale in inglese pubblicato sul sito di Fra Alexis Bugnolo
https://www.fromrome.info/2021/08/16/in-italy-the-vaxx-is-no-longer-legally-approved-for-use/

In Italia, come in molte altre nazioni, i sieri sperimentali covid-19 sono stati messi in commercio grazie a un'autorizzazione straordinaria.
Suddetta autorizzazione è appena venuta meno in quanto originariamente ratificata in base alla dichiarazione della mancanza di altre cure e quando nessun'altra cura efficace veniva autorizzata.

Con il riconoscimento da parte dell'AIFA (l'Agenzia Italiana del Farmaco) di poter utilizzare altri anti-corpi monoclonali quale cura efficace contro l'infezione da SarsCov-19, l'autorizzazione rilasciata per la somministrazione del siero viene a decadere. (con effetto immediato a partire dal 7/8/2021)
La comunicazione è apparsa solo recentemente sul loro sito (AIFA), ma è entrata in vigore il 7 agosto 2021.
Il Ministero della Salute e il Governo Italiano non ve lo diranno, perché la Pandemia è diventata un continuo inganno di proporzioni apocalittiche.

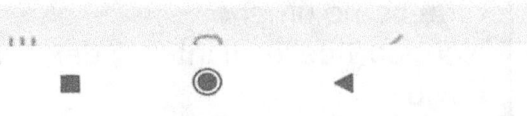

RadioGenova
@RadioGenova

Non respira ma rilascia intervista. Parenti non possono entrare, ma la troupe con telecamere, fonici, giornalisti può tranquillamente accomodarsi in terapia intensiva per produrre propaganda pro vaccino. Addirittura con la mascherina sul microfono!

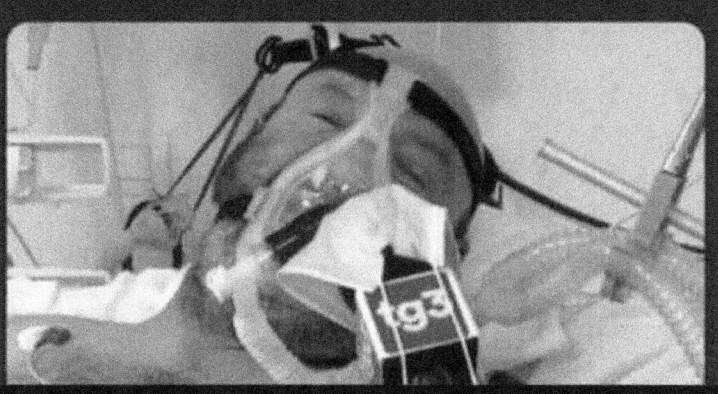

I PRESIDENTI USA E LE LORO GUERRE

Ronald Reagan
Gennaio 1981 - Gennaio 1989

Golfo di Sidra
(1981)

Intervento
Multinazionale in
Libano
(1983)

Azione nel Golfo di
Sidra
(1986)

Bombardamento
della Libia
(1987-1988)

Battaglia di Tobruk
(1989)

George H.W. Bush
Gennaio 1989 - Gennaio 1993

Invasione di Panama
(1989-1990)

Guerra del Golfo
(1983)

Azione nel Golfo di
Sidra
(1986)

Operazione in Iraq
No-Fly Zone
(1987-1988)

Primo intervento U.S.
nella guerra Somala
(1989)

Guerra della Bosnia
(1992-1995)

Bill Clinton
Gennaio 1993 - Gennaio 2001

Intervento ad
Haiti
(1994-1995)

Guerra del
Kosovo
(1996-1999)

Azione nel Golfo
di Sidra
(1986)

Operazione
Infinite Reach
(1987-1988)

Battaglia di
Tobruk
(1998)

George W. Bush
*Gennaio 2001 - Gennaio
2009*

Guerra in
Afghanistan
(2001-Presente)

Invasione dell'Iraq
(2003)

Guerra in Iraq
(2003-2011)

Guerra Nel
Pakistan Nord-
Ovest
(2004-Presente)

Secondo
intervento U.S. in
Somalia
(1998)

Barack Obama
Gennaio 2009 - Gennaio 2016

Operazione Ocean
Shield
(2009-2016)

Intervento
Internazionale in Libia
(2011)

Operazione Observant
Compass
(2011-2017)

Intervento in Iraq
(2014 - Presente)

Guerra in Siria
(2014 - Presente)

Guerra in Yemen
(2015 - Presente)

Intervento in Libia
(2015- Presente)

Donald J. Trump
Gennaio 2017 -

DOTT.SSA Loretta BOLGAN:
"la TACHIPIRINA va a consumare
un antiossidante fondamentale
per il riparo del danno fatto
dall'infezione che è il GLUTATIONE,
quando si consuma molto
GLUTATIONE il virus si replica
molto meglio. Se il virus si
replica molto meglio si agevola la
complicazione da COVID.

Quindi VIGILE ATTESA E
TACHIPIRINA è stato deciso con
lo scopo di far finire le persone in
terapia intensiva!"

IERI ALLE 21.07

251

Lai Estevan

Aggiungo : parlo con 3 medici diversi, in 3 dicono la stessa versione, ovvero che i sintomi che aveva potevano essere riferiti a reazione avversa al vaccino e a che in quel momento e a quell'età non poteva reggerlo, una dotteressa di questi 3 ad un certo punto sbotta e mi dice: sono stanca del reparto pieno di anziani che stanno male dopo il vaccino, ne ho le palle piene.

Il mio commento è stato : non lo dica a voce alta dottoré, o la radiano dall'albo.

Mi ha guardato senza dire nulla, ed io sono andato via, tutto pochi giorni fa

18 h   Wow   Rispondi   

MORTI AVVENUTE NEL SONNO:
- anno 2019: 21.500 casi;
- anno 2020: 33.700 casi;
- anno 2021: 98.100 casi (dato parziale a metà agosto)

MORTI CAUSATE DA MALORE IMPROVVISO:
- anno 2019: 14.800 casi;
- anno 2020: 19.000 casi;
- anno 2021: 45.200 casi (dato parziale a metà agosto)

🦠 Roberto Burioni ☑ @RobertoBurioni · 2h

Quando invoco misure severe contro i non vaccinati (per scelta) vengo attaccato violentemente da persone di estrema destra. Mi stupisco perché il primo vaccino "moderno" fu reso obbligatorio in Italia nel 1939 (difterite).

😂 2

👍 2   💬   ↪

La storia è documentata pure da alcune ricerche storiche pubblicate negli ultimi anni. Nel marzo del 1933 le autorità fasciste dell'epoca scelse il Comune di Gruaro per testare un nuovo vaccino contro la difterite, una pericolosa malattia infettiva. Il dottore del paese era contrario e a Gruaro serpeggiava grande scetticismo, ma quel vaccino doveva essere testato sul campo. Punto e basta. I parroci vennero invitati ad informare la popolazione sulla bontà e sull'affidabilità di questa sperimentazione, e 253 bambini vennero convocati all'ambulatorio comunale. Poi arriva la parte terribile del raccolto, quella ripercorsa dagli studiosi e raccontata da Gasparotto al Gazzettino.

"La puntura venne fatta a 253 bambini e ben 28 morirono nei giorni seguenti. Quasi sotto silenzio. Tornati a casa ci sentimmo tutti male – ha raccontato l'anziano riportando le testimonianze degli adulti dell'epoca -. Si cadeva a terra, e mangiando si rischiava di soffocarsi. Tutti piangevano, ci dovettero ricoverare a Portogruaro, dove l'ospedale era pieno e vennero organizzati dei reparti di fortuna. Eravamo tutti terrorizzati, ogni tanto qualche bambino moriva". **Gasparotto e la sua sorellina di tre anni se la cavarono**, negli anni seguenti ai genitori venne spiegato cosa era successo.

👍😮😂 13

👍 13   💬 3   ↪ 5

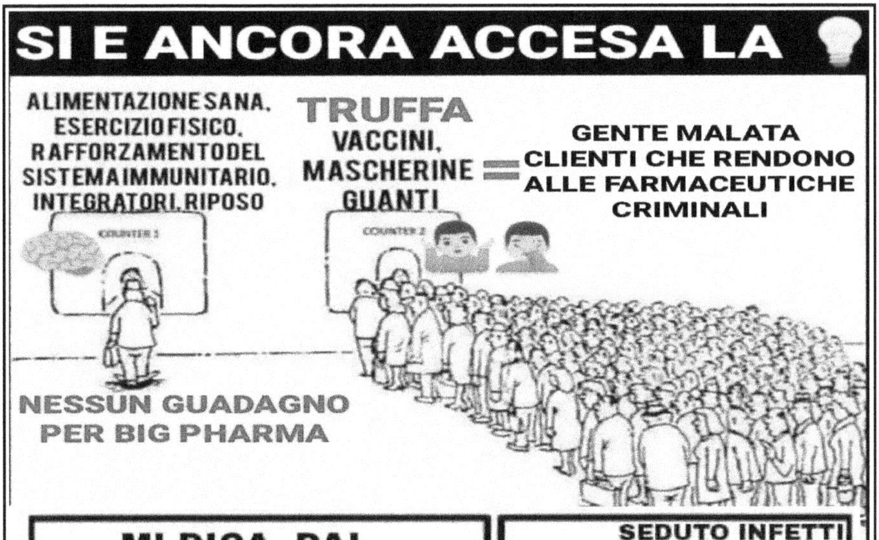

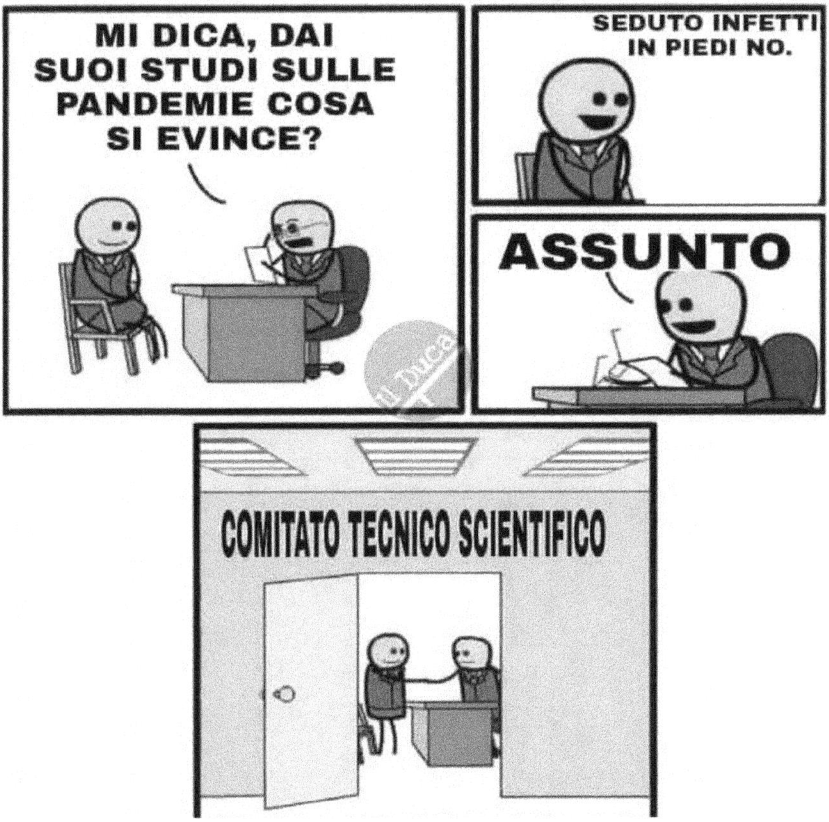

www.ingramcontent.com/pod-product-compliance
Lightning Source LLC
Chambersburg PA
CBHW071408170526
45165CB00001B/217